기적의 수학 문장제

초등 3학년

길벗스쿨

기적의 수학 문장제 6권

초판 1쇄 발행 · 2018년 12월 15일
개정 1쇄 발행 · 2024년 11월 15일

지은이 · 김은영
발행인 · 이종원
발행처 · 길벗스쿨
출판사 등록일 · 2006년 7월 1일
주소 · 서울시 마포구 월드컵로 10길 56 (서교동)
대표 전화 · 02)332-0931 | **팩스** · 02)333-5409
홈페이지 · school.gilbut.co.kr | **이메일** · gilbut@gilbut.co.kr

기획 · 김미숙(winnerms@gilbut.co.kr) | **편집진행** · 이지훈
영업마케팅 · 문세연, 박선경, 박다슬 | **웹마케팅** · 박달님, 이재윤, 이지수, 나혜연
영업관리 · 김명자, 정경화 | **독자지원** · 윤정아
제작 · 이준호, 손일순, 이진혁

디자인 · ㈜더다츠 | **표지 일러스트** · 우나리 | **본문 일러스트** · 유재영, 김태형
전산편집 · 보문미디어 | **CTP출력 및 인쇄** · 교보피앤비 | **제본** · 경문제책

ISBN 979-11-6406-819-7 64410
(길벗스쿨 도서번호 11012)
정가 11,000원

고대 이집트인들은 나일 강변에서 농사를 지으며 살았습니다. 나일강 유역은 땅이 비옥하여 농사가 잘 되었거든요. 그러나 잦은 홍수로 나일강이 흘러넘치기 일쑤였고, 홍수 후 농경지의 경계가 없어져 버려 본래 자신의 땅이 어디였는지 구분하기 힘들었어요. 사람들은 저마다 자신의 땅이라고 우기면서 다투었습니다. 그때, 사람들은 생각했어요.
"내 땅의 크기를 정확히 알 수 있다면, 홍수 후에도 같은 크기의 땅에 농사를 지으면 되겠구나."
이때부터 사람들은 땅의 크기를 재고, 넓이를 계산하기 시작했답니다.

"아휴! 수학을 왜 배우는지 모르겠어요. 어렵고 지겨운 수학을 배워 어디에 써요?"
학년이 올라갈수록 많은 학생들이 이렇게 묻습니다.
만일 고대 이집트인들이 들었다면 이런 대답을 했을 거예요.
"이집트 문명의 발전은 수학이 만들어낸 것이다."

우리 생활에서 일어나는 이런저런 일들은 문제가 일어난 상황을 이해하고 판단하여 해결해야 하는 과정이에요. 이 과정에서 반드시 필요한 능력이 수학적으로 생각하는 힘이고요. 즉, 수 계산이 수학의 전부가 아니라 **수학적으로 생각하기**가 진짜 수학이라는 것이죠.
어떤 문제가 생겼을 때 그것을 해결하기 위해 필요한 것이 무엇인지 판단하고, 논리적으로 조합하여 써 내려가는 모든 과정이 수학이랍니다. 그래서 수학은 생활에 꼭 필요하고, 우리가 수학적으로 생각하는 능력을 갖추면 어떤 문제든지 잘 해결할 수 있게 되지요.

기적의 수학 문장제는 여러분이 주어진 문제를 이해하고 판단하여 해결하는 과정을 훈련하는 교재입니다. 이 책으로 차근차근 기초를 다지다 보면 수학과 전혀 관련 없어 보이는 생활 속 문제들도 수학적으로 생각하여 해결할 수 있다는 것을 알게 될 거예요. 그러면 수학이 재미없지도 지겹지도 않고 오히려 퍼즐처럼 재미있게 느껴진답니다.
모쪼록 여러분이 수학과 친해지는 데 기적의 수학 문장제가 마중물이 될 수 있기를 바랍니다.

김은영

수학 문장제 어떻게 공부할까?

지금은 수학 문장제가 필요한 시대

로봇, 인공지능과 같은 기술이 발전하면서 4차 산업혁명 시대가 열렸습니다. 이에 발맞추어 교육도 변화하고 있습니다. 새 교육과정을 살펴보면 성장 · 과정 중심, 스토리텔링 교육, 코딩 교육, 서술형 평가 확대 등 창의력과 문제해결력을 기르는 방향으로 바뀌고 있습니다. 이제는 지식을 많이 아는 것보다 아는 지식을 새롭게 창조하는 능력이 무엇보다 중요한 때입니다.

논리적으로 사고하여 문제를 해결하는 수학 과목의 특성상 문제를 다양하게 바라보고 해결 방법을 찾는 과정에서 창의력과 문제해결력을 계발할 수 있습니다. 특히 수학 문장제는 실생활과 관련된 수학적 상황을 인지하고, 해결하는 과정을 통해 문제해결력을 키우기에 아주 효과적입니다.

하지만 수학 문장제를 싫어하는 아이들

요즘 아이들은 문자보다 그림과 영상에 익숙합니다. 그러다 보니 읽을 것이 많은 수학 문장제에 겁을 내거나 조금 해보려고 애쓰다 포기해 버리는 경우가 많습니다. 아래는 수학 문장제를 공부할 때 흔히 겪는 여러 가지 어려움들을 나열한 것입니다.

문장제만 보면 읽지도 않고 무조건 별표! 혼자서는 풀 생각도 안 해요.

우리 아이는 풀이 쓰는 것을 싫어해요. 답만 쓰고 풀이 과정은 말로 설명하려고 해요.

문장제만 보면 저를 불러요. 문제가 무슨 말인지 모르겠대요. 문제를 읽어 주면 또 묻죠. "그래서 더해? 빼?" 아이가 문제를 푸는 건지, 제가 푸는 건지 모르겠어요.

우리 아이가 쓴 풀이는 알아볼 수가 없어요. 자기도 한참을 찾아야 해요.

우리 아이는 긴 문제는 읽지도 않으려고 해요.

계산하는 과정 쓰는 것을 싫어해서 암산으로 하다 자꾸 틀려요.

저희 아이도 식은 제가 세워 주고, 아이는 계산만 하려고 해요.

우리 애는 중간까지는 푸는데 끝까지 못 풀어요. 왜 마무리가 안 되는지 모르겠어요.

문제를 읽어도 뭘 구해야 하는지 몰라요.

연산기호 안 쓰는 건 기본이고 등호는 여기저기 막 써서 식이 오류투성이에요.

알긴 아는데 머릿속의 생각을 어떻게 써야 하는지 모르겠대요.

수학 문장제 학습의 가장 큰 고민은 갖가지 문제점들이 복합적으로 얽혀 있어 어디서부터 손을 대야 할지 막막하다는 것입니다. 하지만 대부분의 문제는 크게 두 가지로 나누어 볼 수 있습니다. 바로 '읽기(문제이해)'가 안 되고, '쓰기(문제해결, 풀이)'가 안 되는 것이죠. 국어도 아니고 수학에서 읽기와 쓰기 때문에 곤경에 처하다니 어찌 된 일일까요? 그것은 수학적 읽기와 쓰기는 국어와 다르기 때문에 생긴 문제입니다.

어려움 1

문제읽기와 문제이해

"왜 책도 많이 읽는데 수학 문장제를 이해하지 못할까?"

수학 독해는 따로 있습니다.

문제를 잘 읽는다고 해서 수학 문장제를 잘 이해할 수 있는 것은 아닙니다.

'빵이 9개씩 8봉지 있을 때 빵의 개수를 구하는 문제'를 읽고 나서 '몇 개씩 몇 묶음'이 곱셈을 뜻하는 수학적 표현이라는 것을 모르면 문제를 해결할 수 없습니다. 또, 문장을 곱셈식으로 바꾸지 못하면 풀이 과정을 쓸 수도 없습니다.

이처럼 수학 문장제는 문제를 읽고, 문제 속에 숨겨진 수학적 표현, 용어, 개념을 찾아 해석하는 능력이 필요합니다. 또 문장을 식으로 나타내거나 반대로 주어진 식을 문장으로 읽는 능력도 필요합니다. 다양한 수학 문장제를 풀어 보면서 **수학 독해력을 키워야 합니다.**

어려움 2

문제해결과 풀이쓰기

"답은 구했는데 왜 풀이를 못 쓸까?"

쓸 수 있어야 진짜 아는 것입니다.

아이들이 써 놓은 식이나 풀이 과정을 살펴보면 연산기호나 등호 없이 숫자만 나열하여 알아보기 힘들거나, 풀이 과정을 말하듯이 써서 군더더기가 섞여 있는 경우가 많습니다. 숫자를 헷갈리게 써서 틀리는 경우, 두서없이 풀이를 쓰다가 중간에 한 단계를 빠뜨리는 경우, 앞서 계산한 값을 잘못 찾아 쓰는 경우 등 알고도 틀리는 실수들이 자주 일어납니다. 이는 식과 풀이를 논리적으로 쓰는 연습을 하지 않았기 때문입니다.

풀이를 쓰는 것은 머릿속에 있던 문제해결 과정을 꺼내어 눈앞에 펼치는 것입니다. 간단한 문제는 머릿속에서 바로 처리할 수 있지만, 복잡한 문제는 절차에 따라 차근차근 풀어서 써야 합니다. 이때 풀이를 쓰는 연습이 되어 있지 않으면 어디서부터 어디까지, 어떻게 풀이 과정을 써야 하는지 막막할 수밖에 없습니다.

덧셈식과 뺄셈식을 정확하게 쓰는 것은 물론, 수학 용어를 사용하여 간단명료하게 설명하기, 문제 해결 전략 세우기에 따라 과정 쓰기 등 **절차에 따라 풀이 과정을 논리적으로 쓰는 연습을 해야 합니다.**

핵심어독해법으로 문제읽기 능력 강화

수학 문장제, 어떻게 읽어야 할까요? 다음 수학 문장제를 눈으로 읽어 보세요.

> 한 상자에 9개씩 담겨 있는 김치만두 3상자와 한 상자에 6개씩 담겨 있는 왕만두 4상자를 샀습니다. 산 만두는 모두 몇 개일까요?

똑같은 문제를 줄을 나누어 썼습니다. 다시 한번 소리 내어 읽어 보세요.

> 한 상자에 9개씩 담겨 있는 김치만두 3상자와
> 한 상자에 6개씩 담겨 있는 왕만두 4상자를 샀습니다.
> 산 만두는 모두 몇 개일까요?

→ 눈으로 읽는 것보다 줄을 나누어 소리 내어 읽는 것이 문제를 이해하기 쉽습니다.

똑같은 문제를 핵심어에 표시하며 다시 읽어 보세요.

> 한 상자에 (9개씩) 담겨 있는 김치만두 (3상자)와
> 한 상자에 (6개씩) 담겨 있는 왕만두 (4상자)를 샀습니다.
> 산 만두는 모두 몇 개일까요?

→ 중요한 부분에 표시하며 읽는 것이 문제를 이해하기 쉽습니다.

위 문제의 핵심어만 정리해 보세요.

> 김치만두 : 9개씩 3상자, 왕만두 : 6개씩 4상자
> 만두는 모두 몇 개?

→ 복잡한 정보들을 정리하면 문제가 한눈에 보입니다.

위와 같이 정보와 조건이 있는 수학 문제를 읽을 때에는
문장의 핵심어에 표시하고, 조건을 간단히 정리하면서 읽는 것이 좋습니다.

핵심어독해법

❶ 핵심어에 표시하며 문제를 읽습니다.
핵심어란? 구하는 것, 주어진 것이에요.

❷ 수학 독해를 합니다.
- □ 핵심어(조건)를 간단히 정리하기
- □ 핵심어(수학 용어)의 뜻, 특징 등 써 보기
- □ 핵심어와 관련된 개념 떠올리기

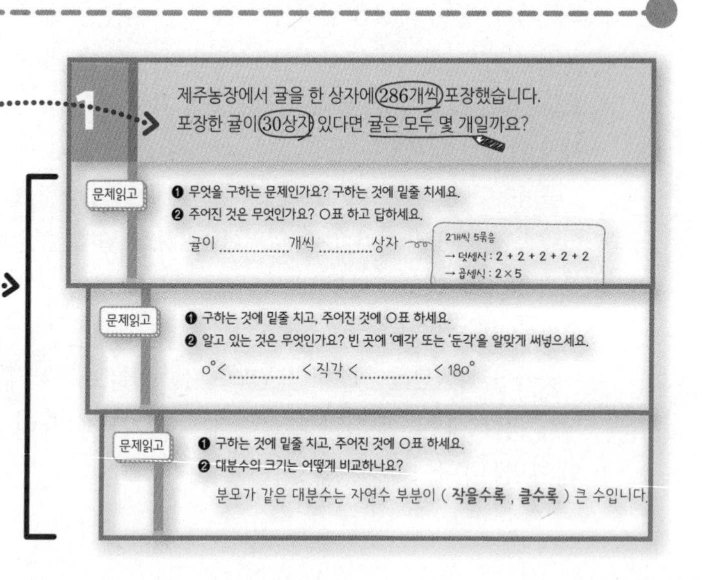

절차학습법으로 문제해결 능력 강화

수학 문장제, 어떤 절차에 따라 풀어야 할까요? 수학 문장제를 푸는 방법은 길을 찾는 과정과 같습니다.

길을 찾는 과정 / **수학 문장제 해결 과정**

1 우선 어디로 가려고 하는지 **목적지**를 알아야 합니다.
제주도로 가야 하는데 서울을 향해 출발하면 안 되겠죠?

1단계 문제에서 **구하는** 것이 무엇인지 알아봅니다.

2 출발하기 전 준비물, 주의사항 등을 살펴보며 **출발 준비**를 합니다.
동생과 함께 가야 하는데 혼자 출발하거나, 제주도까지 배를 타고 가야 하는데 비행기 표를 사면 안 되니까요.

2단계 문제에서 **주어진 것(조건)**이 무엇인지 알아봅니다.

3 목적지까지 가는 길(순서, 노선)을 확인하고, **목적지까지 갑니다.**
혹시라도 중간에 길을 잃어버리거나 길이 막혀 있다고 해서 멈추면 안 돼요.

3단계 문제해결 **방법을 생각**한 다음 순서에 따라 **문제를 풉니다.**

4 마지막으로 목적지에 맞게 왔는지 다시 한번 **확인**합니다.

4단계 답이 맞는지 **검토**합니다.

위와 같이 4단계 문제해결 과정에 따라 수학 문장제를 푸는 훈련을 하면
문제해결력과 풀이쓰는 방법을 효과적으로 익힐 수 있습니다.

절차학습법

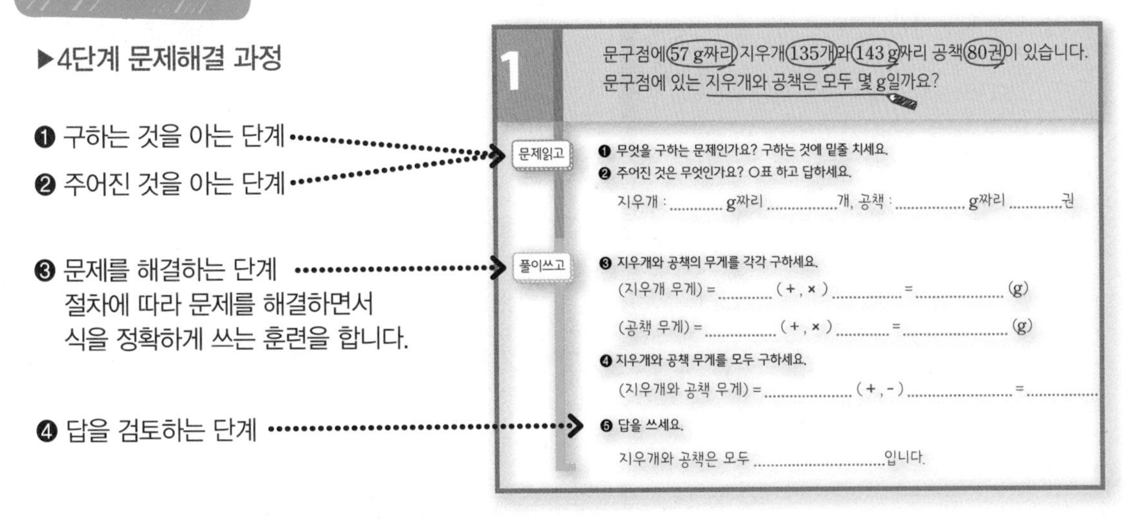

이 책의 활용

학습관리

학습계획을 세우고, 자기평가를 기록해요.

한 단원 학습에 들어가기 전 공부할 내용을 미리 확인하면서 공부계획을 세워 보세요.
매일 1일 학습, 일주일 3일 학습 등 나의 상황에 맞게, 공부할 양을 스스로 정하고 날짜를 기록합니다.
계획대로 잘 공부했는지 스스로 평가하는 것도 잊지 마세요.

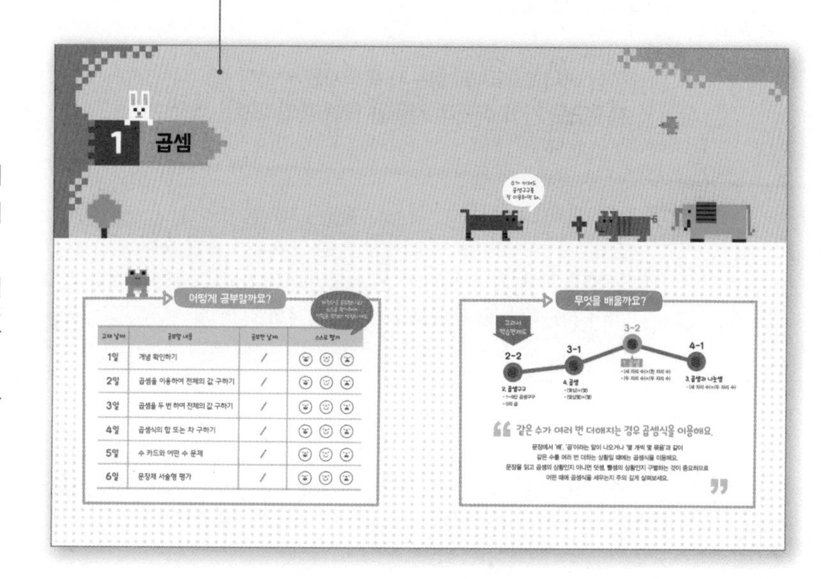

1 곱셈

어떻게 공부할까요?

1일	개념 확인하기	/	
2일	곱셈을 이용하여 전체의 값 구하기	/	
3일	곱셈을 두 번 하여 전체의 값 구하기	/	
4일	곱셈식의 합 또는 차 구하기	/	
5일	수 카드와 어떤 수 문제	/	
6일	문장제 서술형 평가	/	

무엇을 배울까요?

2-2 · 3-1 · 3-2 · 4-1

같은 수가 여러 번 더해지는 경우 곱셈식을 이용해요.

준비학습

기본 개념을 알고 있는지 확인해요.

이 단원의 문장제를 풀기 위해 꼭 알고 있어야 할 핵심 개념을 문제를 통해 확인해 보세요.
교과서와 익힘책에 나오는 가장 기본적인 문제들로 구성되어 있으므로 이 부분이 부족한 학생들은 해당 단원의 교과서와 익힘책을 더 공부하고 본 학습을 시작하는 것이 좋습니다.

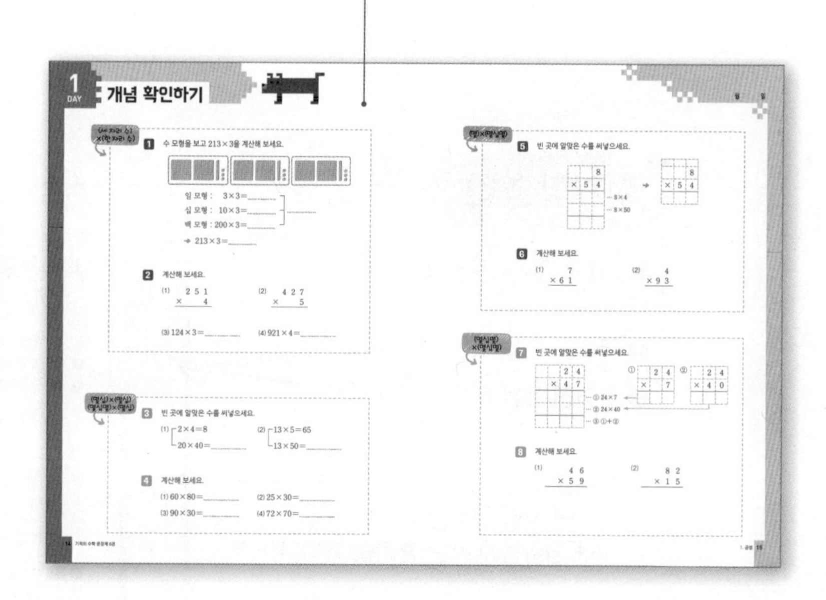

1 DAY 개념 확인하기

1 수 모형을 보고 213×3을 계산해 보세요.

일 모형 : 3×3=

십 모형 : 10×3=

백 모형 : 200×3=

→ 213×3=

2 계산해 보세요.

(1) 251 × 4 (2) 427 × 5

(3) 124×3= (4) 921×4=

3 빈 곳에 알맞은 수를 써넣으세요.

(1) 2×4=8, 20×40= (2) 13×5=65, 13×50=

4 계산해 보세요.

(1) 60×80= (2) 25×30=

(3) 90×30= (4) 72×70=

5 빈 곳에 알맞은 수를 써넣으세요.

6 계산해 보세요.

(1) 7 × 61 (2) 4 × 93

7 빈 곳에 알맞은 수를 써넣으세요.

8 계산해 보세요.

(1) 46 × 59 (2) 82 × 15

유형훈련

대표 유형을 집중 훈련해요.

같이 풀어요.

문제마다 핵심어에 밑줄을 긋고, 동그라미를 하면서 핵심어독해법을 자연스럽게 익혀 보세요.
또, 풀이에 제시된 순서대로 답을 하면서 절차학습법을 훈련해요.

혼자 풀어요.

앞에서 배운 동일 유형, 동일 난이도의 문제를 스스로 풀어 보세요. 주어진 과정에 따라 풀이를 쓰면서 문제 풀이 뿐 아니라 서술형 답안 작성에 대한 훈련도 동시에 해요.

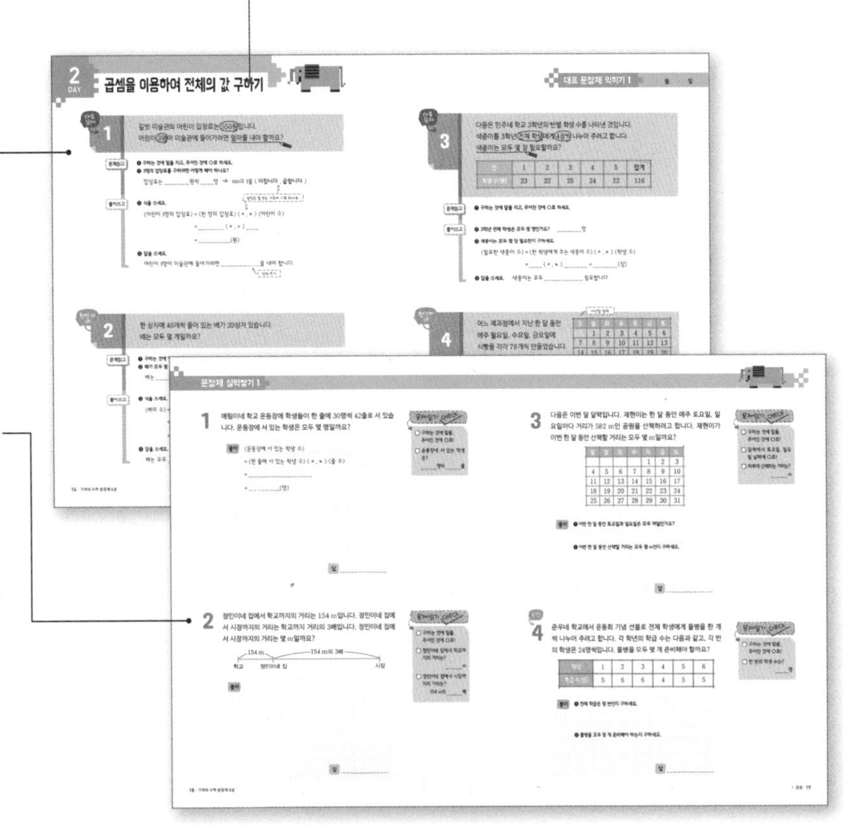

평가

잘 공부했는지 확인해요.

이 단원을 잘 공부했는지 성취도를 평가하며 마무리하는 단계예요.
학교에서 시험을 보는 것처럼 풀이 과정을 정확하게 쓰는 연습을 하면 좋습니다. 정답과 풀이에 있는 [채점 기준]과 비교하여 빠진 부분은 없는지 꼼꼼히 확인해 보세요.

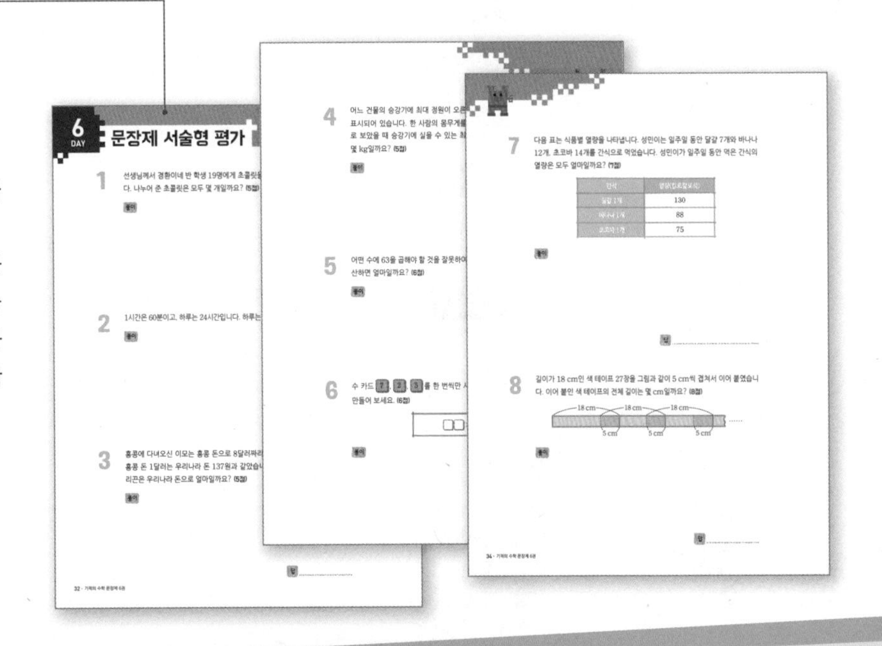

차례

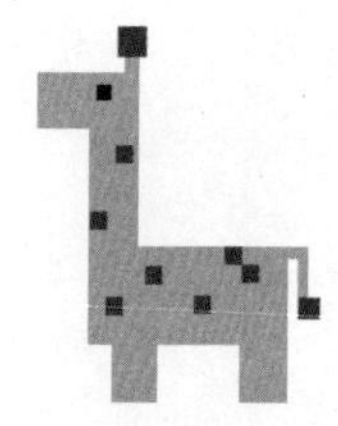

1 곱셈

어떻게 공부할까요?

계획대로 공부했나요?
스스로 평가하여
알맞은 표정에 색칠하세요.

교재 날짜	공부할 내용	공부한 날짜	스스로 평가
1일	개념 확인하기	/	
2일	곱셈을 이용하여 전체의 값 구하기	/	
3일	곱셈을 두 번 하여 전체의 값 구하기	/	
4일	곱셈식의 합 또는 차 구하기	/	
5일	수 카드와 어떤 수 문제	/	
6일	문장제 서술형 평가	/	

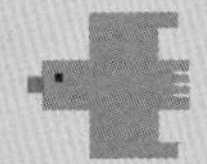

수가 커져도
곱셈구구를
잘 이용하면 돼.

무엇을 배울까요?

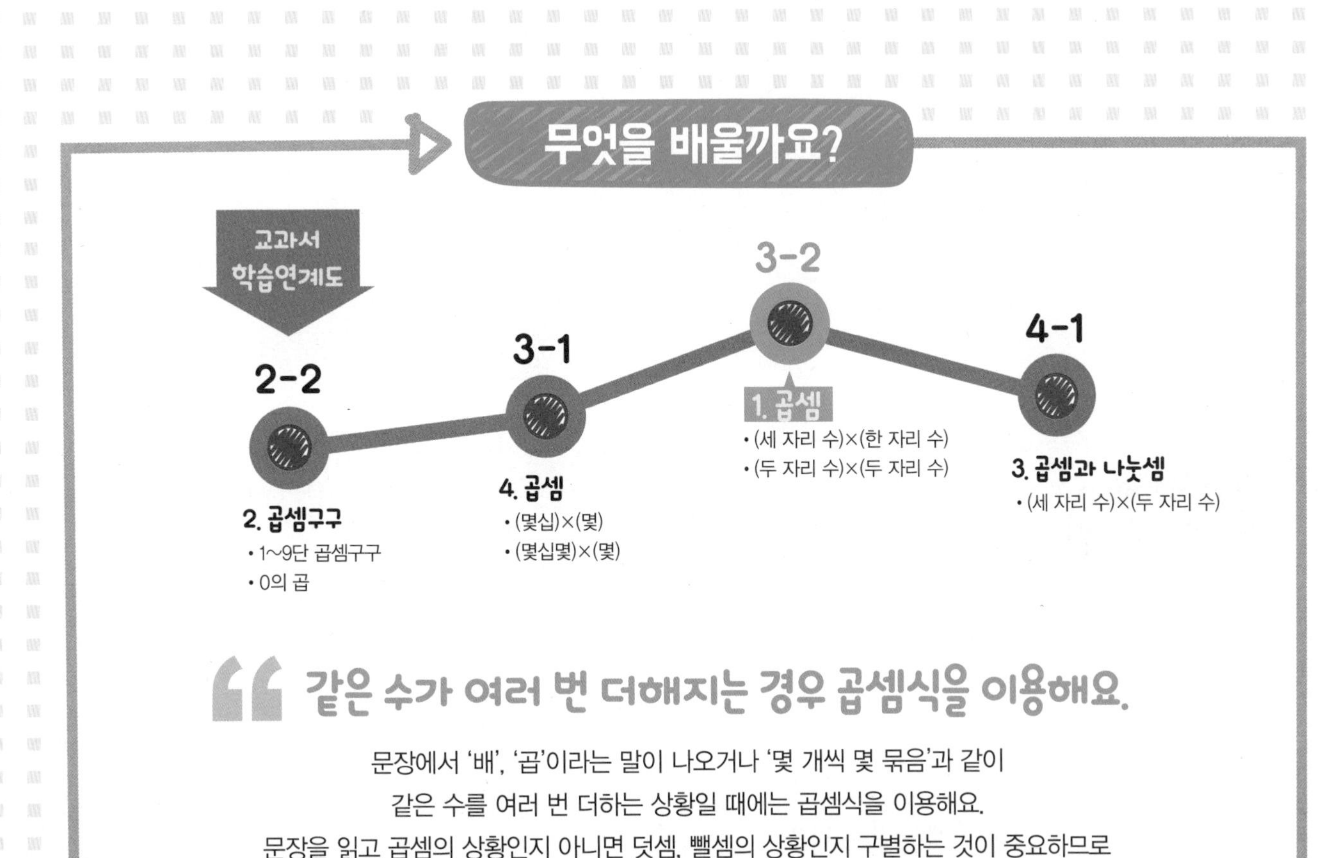

“같은 수가 여러 번 더해지는 경우 곱셈식을 이용해요.

문장에서 ‘배’, ‘곱’이라는 말이 나오거나 ‘몇 개씩 몇 묶음’과 같이
같은 수를 여러 번 더하는 상황일 때에는 곱셈식을 이용해요.
문장을 읽고 곱셈의 상황인지 아니면 덧셈, 뺄셈의 상황인지 구별하는 것이 중요하므로
어떤 때에 곱셈식을 세우는지 주의 깊게 살펴보세요.”

개념 확인하기

(세 자리 수)×(한 자리 수)

1 수 모형을 보고 213×3을 계산해 보세요.

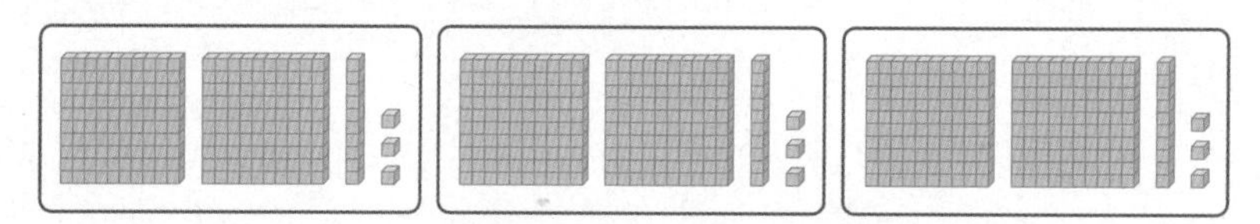

일 모형 : $3\times3=$ ....

십 모형 : $10\times3=$ .... → ....

백 모형 : $200\times3=$ ....

➜ $213\times3=$ ....

2 계산해 보세요.

(1) $\begin{array}{r} 2\ 5\ 1 \\ \times\quad\ \ 4 \\ \hline \end{array}$

(2) $\begin{array}{r} 4\ 2\ 7 \\ \times\quad\ \ 5 \\ \hline \end{array}$

(3) $124\times3=$ ....

(4) $921\times4=$ ....

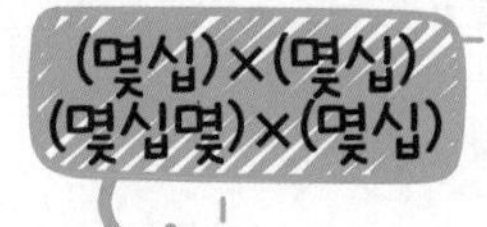

(몇십)×(몇십)
(몇십몇)×(몇십)

3 빈 곳에 알맞은 수를 써넣으세요.

(1) $2\times4=8$
$20\times40=$ ....

(2) $13\times5=65$
$13\times50=$ ....

4 계산해 보세요.

(1) $60\times80=$ ....

(2) $25\times30=$ ....

(3) $90\times30=$ ....

(4) $72\times70=$ ....

5 빈 곳에 알맞은 수를 써넣으세요.

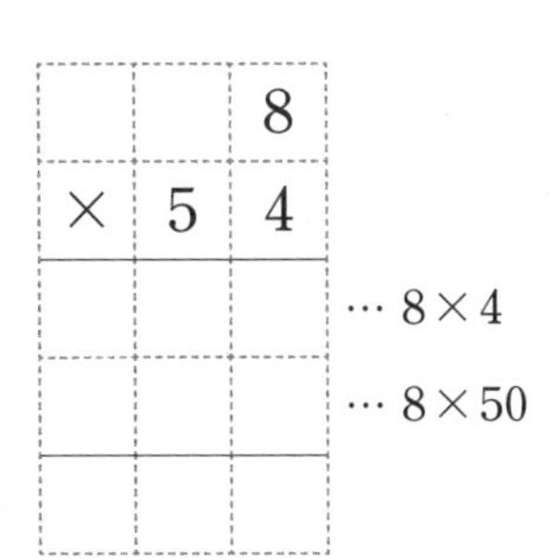

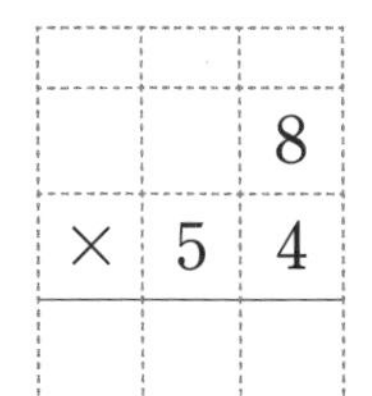

6 계산해 보세요.

(1)
$$\begin{array}{r} 7 \\ \times\ 61 \\ \hline \end{array}$$

(2)
$$\begin{array}{r} 4 \\ \times\ 93 \\ \hline \end{array}$$

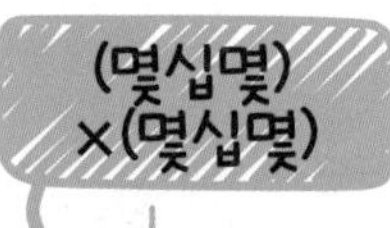

7 빈 곳에 알맞은 수를 써넣으세요.

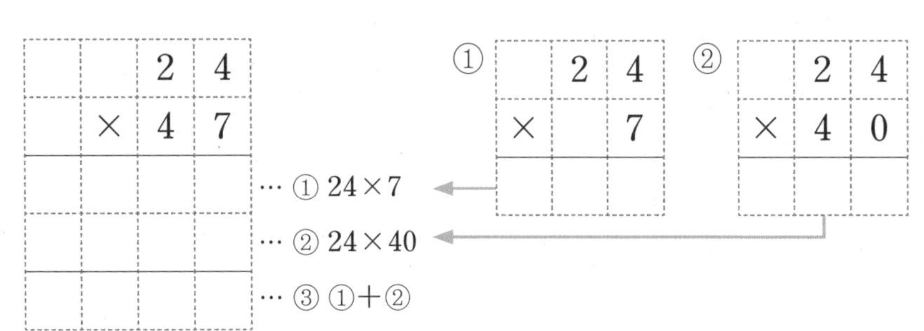

8 계산해 보세요.

(1)
$$\begin{array}{r} 46 \\ \times\ 59 \\ \hline \end{array}$$

(2)
$$\begin{array}{r} 82 \\ \times\ 15 \\ \hline \end{array}$$

2 DAY

곱셈을 이용하여 전체의 값 구하기

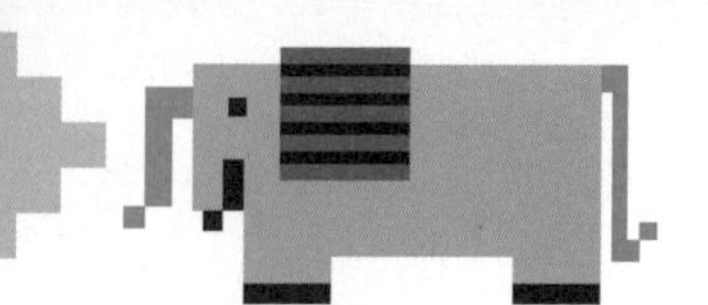

대표 문제 **1**

길벗 미술관의 어린이 입장료는 550원입니다.
어린이 3명이 미술관에 들어가려면 얼마를 내야 할까요?

문제읽고

❶ 구하는 것에 밑줄 치고, 주어진 것에 ○표 하세요.

❷ 3명의 입장료를 구하려면 어떻게 해야 하나요?

입장료는 ....원씩 ....명 ➔ 550과 3을 (**더합니다** , **곱합니다**).

알맞은 말 또는 기호에 ○표 하세요.

풀이쓰고

❸ 식을 쓰세요.

(어린이 3명의 입장료) = (한 명의 입장료) (+ , ×) (어린이 수)

= .... (+ , ×) ....

= ....(원)

❹ 답을 쓰세요.

어린이 3명이 미술관에 들어가려면 ....을 내야 합니다.

단위 쓰기

한번 더 OK **2**

한 상자에 40개씩 들어 있는 배가 39상자 있습니다.
배는 모두 몇 개일까요?

문제읽고

❶ 구하는 것에 밑줄 치고, 주어진 것에 ○표 하세요.

❷ 배가 모두 몇 개인지 구하려면 어떻게 해야 하나요?

배는 ....개씩 ....상자 ➔ 40과 39를 (**더합니다** , **곱합니다**).

풀이쓰고

❸ 식을 쓰세요.

(배의 수) = (한 상자의 배의 수) (+ , ×) (상자 수)

= .... (+ , ×) ....

= ....(개)

❹ 답을 쓰세요.

배는 모두 ....입니다.

대표 문제

3

다음은 민주네 학교 3학년의 반별 학생 수를 나타낸 것입니다. 색종이를 3학년 전체 학생에게 4장씩 나누어 주려고 합니다. 색종이는 모두 몇 장 필요할까요?

반	1	2	3	4	5	합계
학생 수(명)	23	22	25	24	22	116

문제읽고

❶ 구하는 것에 밑줄 치고, 주어진 것에 ○표 하세요.

풀이쓰고

❷ 3학년 전체 학생은 모두 몇 명인가요? ....명

❸ 색종이는 모두 몇 장 필요한지 구하세요.

(필요한 색종이 수) = (한 학생에게 주는 색종이 수) (+ , ×) (학생 수)

= .... (+ , ×) .... = ...(장)

❹ 답을 쓰세요.　색종이는 모두 .... 필요합니다.

한단계 UP

4

어느 제과점에서 지난 한 달 동안 매주 월요일, 수요일, 금요일에 식빵을 각각 78개씩 만들었습니다. 제과점에서 지난 한 달 동안 식빵을 모두 몇 개 만들었을까요?

지난달 달력

일	월	화	수	목	금	토
	1	2	3	4	5	6
7	8	9	10	11	12	13
14	15	16	17	18	19	20
21	22	23	24	25	26	27
28	29	30	31			

문제읽고

❶ 구하는 것에 밑줄 치고, 주어진 것에 ○표 하세요.

❷ 달력에서 월요일, 수요일, 금요일 날짜에 ○표 하세요.

풀이쓰고

❸ 지난 한 달 동안 월요일, 수요일, 금요일은 모두 며칠 있었나요? ....일

❹ 식빵을 모두 몇 개 만들었는지 구하세요.

(만든 식빵 수) = (하루에 만든 식빵 수) (+ , ×) (만든 날수)

= .... (+ , ×) .... = ...(개)

❺ 답을 쓰세요.　식빵을 모두 .... 만들었습니다.

1 예림이네 학교 운동장에 학생들이 한 줄에 30명씩 42줄로 서 있습니다. 운동장에 서 있는 학생은 모두 몇 명일까요?

풀이 (운동장에 서 있는 학생 수)

= (한 줄에 서 있는 학생 수) (+ , ×) (줄 수)

= ....

= ....(명)

답 ....

문제읽기 CHECK

- ☐ 구하는 것에 밑줄, 주어진 것에 ○표!
- ☐ 운동장에 서 있는 학생은?
  ....명씩 ....줄

2 정민이네 집에서 학교까지의 거리는 154 m입니다. 정민이네 집에서 시장까지의 거리는 학교까지 거리의 3배입니다. 정민이네 집에서 시장까지의 거리는 몇 m일까요?

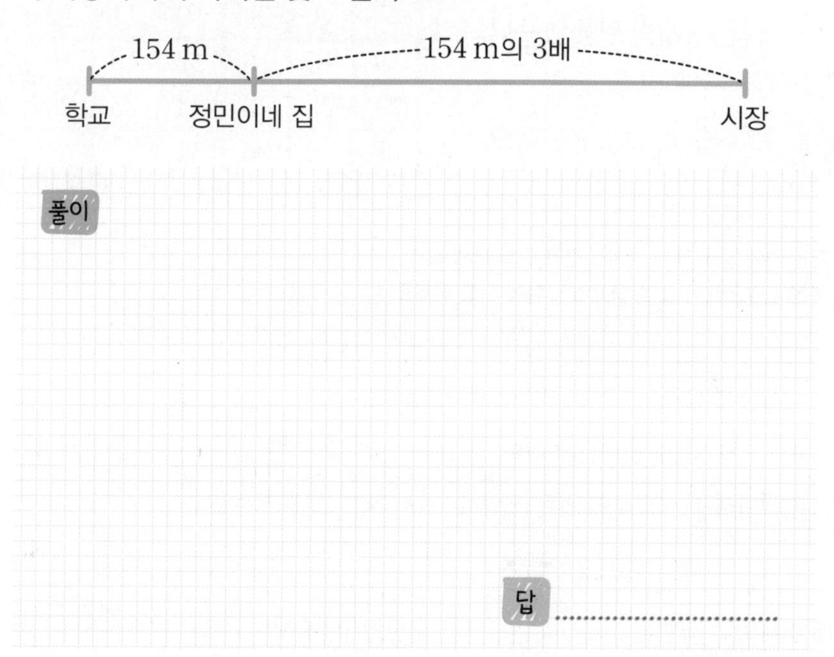

풀이

답 ....

문제읽기 CHECK

- ☐ 구하는 것에 밑줄, 주어진 것에 ○표!
- ☐ 정민이네 집에서 학교까지의 거리는?
  ....m
- ☐ 정민이네 집에서 시장까지의 거리는?
  154 m의 ....배

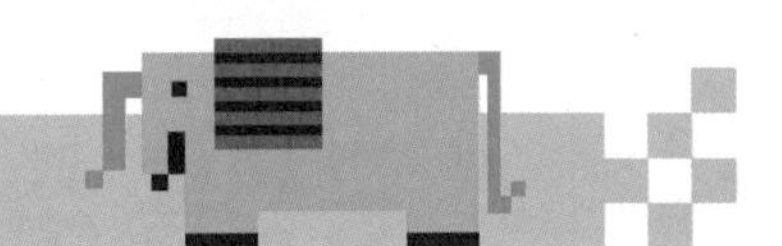

3

다음은 이번 달 달력입니다. 재현이는 한 달 동안 매주 토요일, 일요일마다 거리가 582 m인 공원을 산책하려고 합니다. 재현이가 이번 한 달 동안 산책할 거리는 모두 몇 m일까요?

일	월	화	수	목	금	토
				1	2	3
4	5	6	7	8	9	10
11	12	13	14	15	16	17
18	19	20	21	22	23	24
25	26	27	28	29	30	31

문제읽기 CHECK

- ☐ 구하는 것에 밑줄, 주어진 것에 ○표!
- ☐ 달력에서 토요일, 일요일 날짜에 ○표!
- ☐ 하루에 산책하는 거리는? .... m

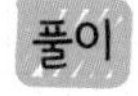

❶ 이번 한 달 동안 토요일과 일요일은 모두 며칠인가요?

❷ 이번 한 달 동안 산책할 거리는 모두 몇 m인지 구하세요.

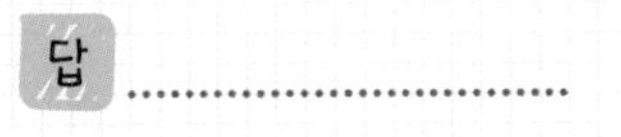

답 ....

4

준우네 학교에서 운동회 기념 선물로 전체 학생에게 물병을 한 개씩 나누어 주려고 합니다. 각 학년의 학급 수는 다음과 같고, 각 반의 학생은 24명씩입니다. 물병을 모두 몇 개 준비해야 할까요?

학년	1	2	3	4	5	6
학급 수(반)	5	6	6	4	5	5

문제읽기 CHECK

- ☐ 구하는 것에 밑줄, 주어진 것에 ○표!
- ☐ 한 반의 학생 수는? .... 명

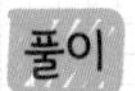

❶ 전체 학급은 몇 반인지 구하세요.

❷ 물병을 모두 몇 개 준비해야 하는지 구하세요.

답 ....

3
DAY

곱셈을 두 번 하여 전체의 값 구하기

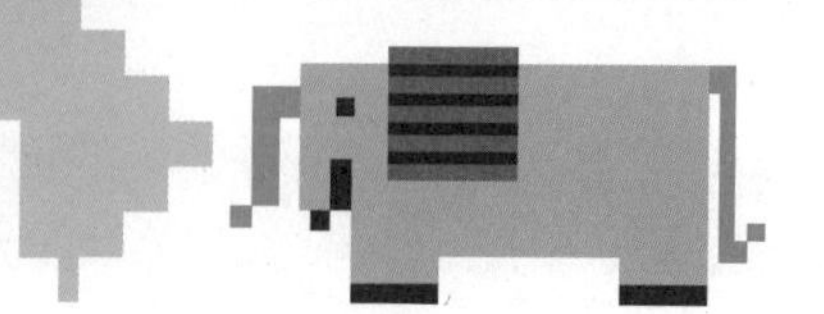

대표 문제

1

승빈이는 책을 매일 아침, 점심, 저녁에 각각 65쪽씩 읽으려고 합니다.
승빈이가 책을 5일 동안 읽으면 모두 몇 쪽을 읽게 될까요?

문제읽고

❶ 무엇을 구하는 문제인가요? 구하는 것에 밑줄 치세요.
❷ 주어진 것은 무엇인가요? ○표 하고 답하세요.

한 번에 읽는 쪽수 : ....쪽, 하루에 읽는 횟수 : ....번, 읽는 날수 : ....일

풀이쓰고

❸ 하루에 읽는 쪽수를 구하세요.

(하루에 읽는 쪽수) = (한 번에 읽는 쪽수) (+ , ×) (읽는 횟수)

= .... (+ , ×) .... = ...(쪽)

❹ 5일 동안 읽는 쪽수를 구하세요.

(5일 동안 읽는 쪽수) = (하루에 읽는 쪽수) (+ , ×) (읽는 날수)

= .... (+ , ×) .... = ...(쪽)

❺ 답을 쓰세요. 승빈이는 책을 5일 동안 모두 .... 읽게 됩니다.

한번 더 OK

2

수지네 가족은 땅콩을 하루에 25개씩 먹으려고 합니다.
4주일 동안 먹는 땅콩은 모두 몇 개일까요?

문제읽고

❶ 무엇을 구하는 문제인가요? 구하는 것에 밑줄 치세요.
❷ 주어진 것은 무엇인가요? ○표 하고 답하세요.

하루에 먹는 땅콩 수 : ....개, 먹는 날수 : ....주일

풀이쓰고

❸ 4주일은 며칠인지 구하세요.

1주일은 ....일이므로 (4주일) = ... × .... = ...(일)입니다.

❹ 4주일 동안 먹는 땅콩은 모두 몇 개인지 구하세요.

(4주일 동안 먹는 땅콩 수) = (하루에 먹는 땅콩 수) (+ , ×) (먹는 날수)

= .... (+ , ×) .... = ...(개)

❺ 답을 쓰세요. 4주일 동안 먹는 땅콩은 모두 ....입니다.

대표 문제

3

객실 한 칸의 좌석 배치도가 다음과 같은 고속 철도가 있습니다.
이 고속 철도의 객실이 14칸이라면 좌석은 모두 몇 개 있을까요?

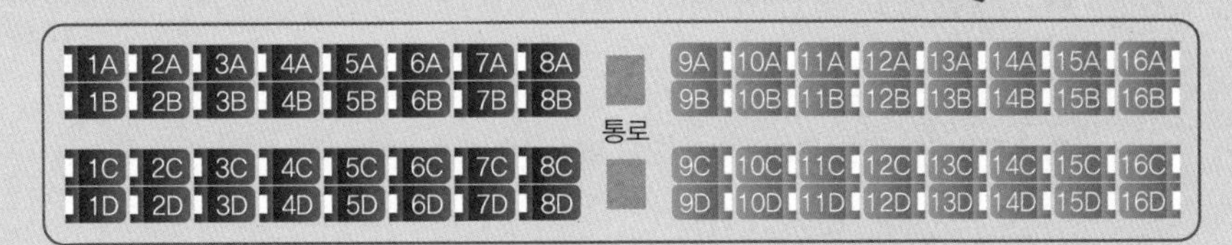

문제읽고

❶ 무엇을 구하는 문제인가요? 구하는 것에 밑줄 치세요.
❷ 주어진 것은 무엇인가요? ○표 하고 답하세요.

객실 한 칸의 좌석 수 : ....개씩 ....16.... 줄, 객실 칸 수 : ....칸

풀이쓰고

❸ 객실 한 칸의 좌석은 몇 개인지 구하세요.

(한 칸의 좌석 수) = ... (+ , ×) .... = ...(개)

❹ 고속 철도의 좌석은 모두 몇 개인지 구하세요.

(전체 좌석 수) = (한 칸의 좌석 수) (+ , ×) (칸 수)

= .... (+ , ×) .... = ...(개)

❺ 답을 쓰세요. 좌석은 모두 .... 있습니다.

한번 더 OK

4

우진이네 학교에는 1층부터 5층까지 각 층마다 교실이 6개씩 있습니다.
각 교실마다 의자가 38개씩 있다면
우진이네 학교 교실에 있는 의자는 모두 몇 개일까요?

문제읽고

❶ 무엇을 구하는 문제인가요? 구하는 것에 밑줄 치세요.
❷ 주어진 것은 무엇인가요? ○표 하고 답하세요.

교실 수 : ....개씩 ....층, 한 교실에 있는 의자 수 : ....개

풀이쓰고

❸ 교실은 모두 몇 개인지 구하세요.

(전체 교실 수) = ... (+ , ×) .... = ...(개)

❹ 교실에 있는 의자는 모두 몇 개인지 구하세요.

(전체 의자 수) = (한 교실에 있는 의자 수) (+ , ×) (전체 교실 수)

= .... (+ , ×) .... = ...(개)

❺ 답을 쓰세요. 우진이네 학교 교실에 있는 의자는 모두 .... 입니다.

kg은 무게의 단위로 '킬로그램'이라고 읽습니다.

1

시헌이네 양계장에서 닭들이 하루에 먹는 모이의 양은 34 kg입니다. 닭들이 9주일 동안 먹는 모이의 양은 모두 몇 kg일까요?

문제읽기 CHECK
- ☐ 구하는 것에 밑줄, 주어진 것에 ○표!
- ☐ 닭들이 하루에 먹는 모이의 양은? ....kg
- ☐ 1주일은 며칠? ....일

풀이 ❶ 9주일은 며칠인지 구하세요.

(9주일) = ... (+ , ×) .... = ...(일)

❷ 9주일 동안 먹는 모이의 양은 모두 몇 kg인지 구하세요.

(9주일 동안 먹는 모이의 양)

= (하루에 먹는 모이의 양) (+ , ×) (먹는 날수)

= ....

= .... (kg)

답 ....

2

자전거 공장에서 자전거를 한 시간에 12대씩 만듭니다. 이 공장에서 하루 8시간씩 자전거를 만들면 28일 동안 만들 수 있는 자전거는 모두 몇 대일까요?

문제읽기 CHECK
- ☐ 구하는 것에 밑줄, 주어진 것에 ○표!
- ☐ 하루에 만드는 자전거는? ....대씩 ....시간
- ☐ 자전거를 만드는 날수는? ....일

풀이 ❶ 하루에 만들 수 있는 자전거는 몇 대인지 구하세요.

❷ 28일 동안 만들 수 있는 자전거는 모두 몇 대인지 구하세요.

답 ....

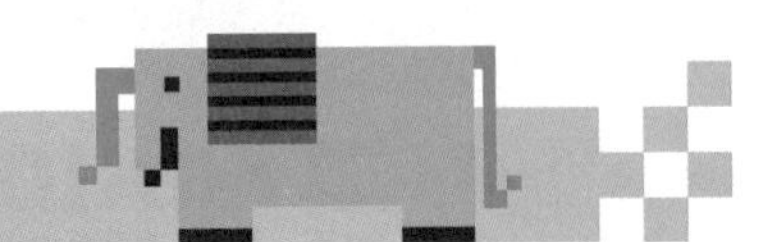

3 어느 아파트 한 개 동에는 1층에서 20층까지 각 층에 12가구씩 살고 있습니다. 이 아파트 8개 동에는 모두 몇 가구가 살고 있을까요?

문제읽기 CHECK

- ▢ 구하는 것에 밑줄, 주어진 것에 ○표!
- ▢ 아파트 한 동에 살고 있는 가구는?
  ....가구씩 ....층
- ▢ 아파트는 모두 몇 동?
  ....개 동

풀이 ❶ 아파트 한 동에는 몇 가구가 살고 있는지 구하세요.

❷ 아파트 8개 동에는 모두 몇 가구가 살고 있는지 구하세요.

 ....

4 어느 케이블카는 한 시간 동안 6번 운행되고, 한 번에 최대 36명까지 탈 수 있습니다. 이 케이블카를 5시간 동안 운행할 때 케이블카를 이용할 수 있는 사람은 최대 몇 명일까요?

문제읽기 CHECK

- ▢ 구하는 것에 밑줄, 주어진 것에 ○표!
- ▢ 1시간 동안 케이블카를 이용할 수 있는 최대 정원은?
  ....명씩 ....번
- ▢ 케이블카를 운행하는 시간은?
  ....시간

풀이 ❶ 1시간 동안 케이블카를 이용할 수 있는 사람은 최대 몇 명인지 구하세요.

❷ 5시간 동안 케이블카를 이용할 수 있는 사람은 최대 몇 명인지 구하세요.

답 ....

곱셈식의 합 또는 차 구하기

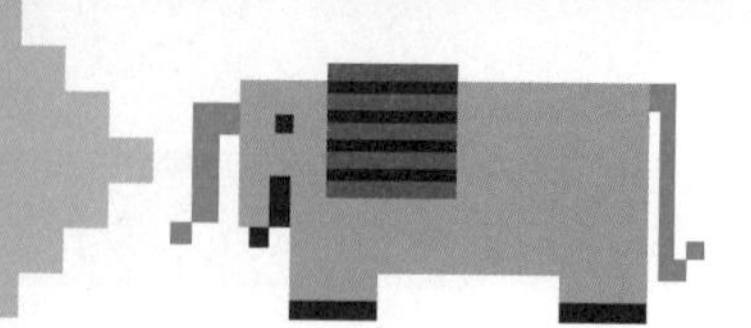

대표 문제

1

영어 단어를 소이는 하루에 20개씩 20일 동안 외우고,
지호는 하루에 15개씩 31일 동안 외웠습니다.
두 사람이 외운 영어 단어는 모두 몇 개일까요?

문제읽고

❶ 구하는 것에 밑줄 치고, 주어진 것에 ○표 하세요.

❷ 두 사람이 외운 영어 단어의 수를 구하려면 어떻게 해야 하나요?

소이가 외운 단어 수와 지호가 외운 단어 수를 (**더합니다** , **뺍니다**).

풀이쓰고

❸ 소이와 지호가 외운 단어는 몇 개인지 각각 구하세요.

(소이가 외운 단어 수) = ... (+ , ×) .... = ...(개)

(지호가 외운 단어 수) = ... (+ , ×) .... = ...(개)

❹ 두 사람이 외운 단어는 모두 몇 개인지 구하세요.

(두 사람이 외운 단어 수) = ... (+ , -) .... = ...(개)

❺ 답을 쓰세요. 두 사람이 외운 영어 단어는 모두 ....입니다.

한번 더 OK

2

아버지께서 타일을 550개 사 오셨습니다.
현관 바닥에 타일을 가로로 14개씩, 세로로 23줄 붙였다면
타일은 몇 개 남았을까요?

문제읽고

❶ 구하는 것에 밑줄 치고, 주어진 것에 ○표 하세요.

❷ 남은 타일의 수를 구하려면 어떻게 해야 하나요?

사 온 타일 수 ....개에서 붙인 타일 수를 (**더합니다** , **뺍니다**).

풀이쓰고

❸ 현관 바닥에 붙인 타일은 몇 개인지 구하세요.

(붙인 타일 수)

= (가로로 붙인 타일 수) (+ , ×) (세로로 붙인 줄 수)

= .... (+ , ×) .... = ...(개)

❹ 남은 타일은 몇 개인지 구하세요.

(남은 타일 수) = (사 온 타일 수) (+ , -) (붙인 타일 수)

= .... (+ , -) .... = ...(개)

❺ 답을 쓰세요. 타일은 .... 남았습니다.

대표 문제

3

건우네 가족은 간식으로 삶은 감자 12개와 사과 5개를 먹었습니다.
식품별 열량이 다음과 같은 때
건우네 가족이 먹은 간식의 열량은 모두 얼마일까요?

간식	열량(킬로칼로리)
사과 1개	145
바나나 1개	88
삶은 감자 1개	75
삶은 고구마 1개	150

식품을 먹었을 때 몸속에서 발생하는 에너지의 양을 '열량'이라고 해요.

문제읽고

❶ 구하는 것에 밑줄 치고, 주어진 것에 ○표 하세요.

❷ 건우네 가족이 먹은 간식의 열량을 구하려면 어떻게 해야 하나요?

삶은 감자 12개의 열량과 .... 5개의 열량을 (더합니다 , 뺍니다).

풀이쓰고

❸ 삶은 감자 12개와 사과 5개의 열량을 각각 구하세요.

(삶은 감자 12개의 열량) = ... (+ , ×) 12 = ... (킬로칼로리)

(사과 5개의 열량) = ... (+ , ×) 5 = ... (킬로칼로리)

❹ 먹은 간식의 열량을 구하세요.

(먹은 간식의 열량)

= (삶은 감자 12개의 열량) (+ , -) (사과 5개의 열량)

= .... (+ , -) .... = ... (킬로칼로리)

❺ 답을 쓰세요.

먹은 간식의 열량은 모두 .... 입니다.

위의 표에서 문제를 푸는 데 필요한 것은 삶은 감자 1개의 열량과 사과 1개의 열량이에요.

1 훈이가 저금통을 열었더니 50원짜리 동전 27개와 500원짜리 동전 3개가 있었습니다. 저금통에 들어 있던 돈은 모두 얼마일까요?

풀이 ❶ (50원짜리 동전의 금액) = 50 × .... = ...(원)

❷ (500원짜리 동전의 금액) = 500 × .... = ...(원)

❸ (저금통에 들어 있던 돈)

= (50원짜리 동전의 금액) (+ , -) (500원짜리 동전의 금액)

= ....

= ....(원)

답 ....

문제읽기 CHECK

☐ 구하는 것에 밑줄, 주어진 것에 ○표!

☐ 50원짜리 동전 수는? ....개

☐ 500원짜리 동전 수는? ....개

2 운동장에 3학년과 4학년 학생들이 나와서 줄을 섰습니다. 3학년은 한 줄에 24명씩 19줄로 섰고, 4학년은 한 줄에 26명씩 20줄로 섰습니다. 어느 학년 학생이 몇 명 더 많을까요?

풀이 ❶ 3학년 학생은 몇 명인지 구하세요.

❷ 4학년 학생은 몇 명인지 구하세요.

❸ 어느 학년 학생이 몇 명 더 많은지 구하세요.

답 ...., ...

문제읽기 CHECK

☐ 구하는 것에 밑줄, 주어진 것에 ○표!

☐ 3학년 학생은? ....명씩 ....줄

☐ 4학년 학생은? ....명씩 ....줄

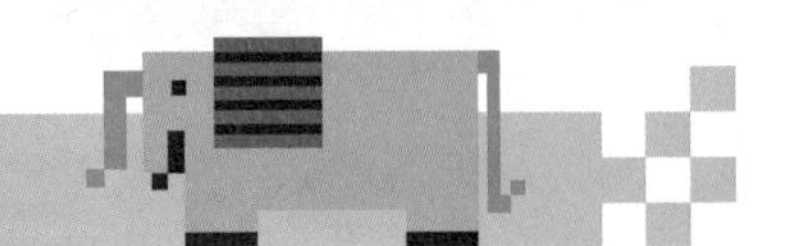

3

중국에 다녀오신 삼촌께서 윤정이에게 중국 돈 5위안과 우리나라 돈 5000원을 용돈으로 주셨습니다. 윤정이가 은행에 간 날 중국 돈 1위안은 우리나라 돈 168원과 같았습니다. 윤정이가 받은 용돈은 우리나라 돈으로 얼마일까요?

문제읽기 CHECK

- ☐ 구하는 것에 밑줄, 주어진 것에 ○표!
- ☐ 윤정이가 받은 용돈은? ....위안과 ....원
- ☐ 1위안은 우리나라 돈으로 얼마? ....원

풀이 ❶ (1위안) = ...원입니다.

❷ 5위안은 1위안의 ....배이므로

(5위안) = (1위안) × .... = ... × 5 = ...(원)

❸ (윤정이가 받은 용돈) = ...

= ....(원)

답 ....

4

지예와 친구들이 미숫가루 5컵, 우유 11컵을 마셨습니다. 미숫가루와 우유의 영양 성분이 다음과 같을 때, 지예와 친구들이 마신 미숫가루와 우유에 들어 있는 탄수화물은 모두 몇 g일까요?

미숫가루 1컵

성분	양(g)
탄수화물	152
단백질	29
지방	11

우유 1컵

성분	양(g)
탄수화물	11
단백질	6
지방	7

문제읽기 CHECK

- ☐ 구하는 것에 밑줄, 주어진 것에 ○표!
- ☐ 미숫가루 5컵에 들어 있는 탄수화물은? ....g씩 ....컵
- ☐ 우유 11컵에 들어 있는 탄수화물은? ....g씩 ....컵

풀이 ❶ 미숫가루 5컵에 들어 있는 탄수화물은 몇 g인지 구하세요.

❷ 우유 11컵에 들어 있는 탄수화물은 몇 g인지 구하세요.

❸ 지예와 친구들이 마신 미숫가루와 우유에 들어 있는 탄수화물은 모두 몇 g인지 구하세요.

답 ....

5 DAY

수 카드와 어떤 수 문제

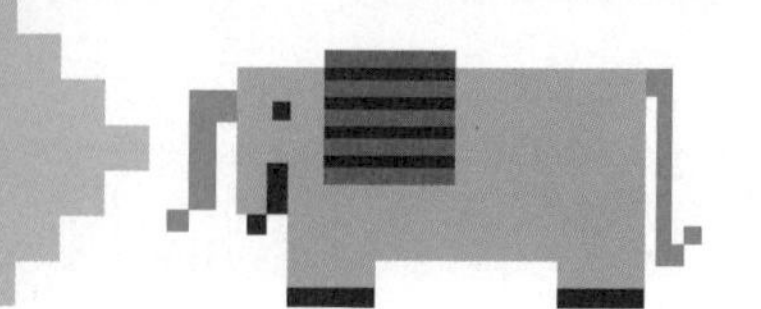

대표 문제

1

수 카드 ①, ②, ⑤, ⑧ 중 2장을 사용하여 계산 결과가 가장 큰 곱셈식을 만들려고 합니다. ㉠, ㉡에 알맞은 수를 구하세요.

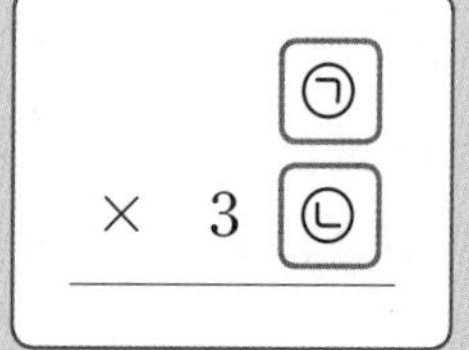

문제읽고

❶ 구하는 것에 밑줄 치고, 주어진 것에 ○표 하세요.

❷ 곱이 가장 큰 곱셈식을 만들려면 어떤 수 카드를 사용해야 할까요?

큰 수끼리 곱할수록 곱이 크므로

수가 (큰 , 작은) 카드부터 2장을 사용합니다. ➔ (1 , 2 , 5 , 8)

풀이쓰고

❸ ㉠, ㉡에 수 카드를 넣어 곱셈식을 만들어 계산하고, 곱의 크기를 비교하세요.

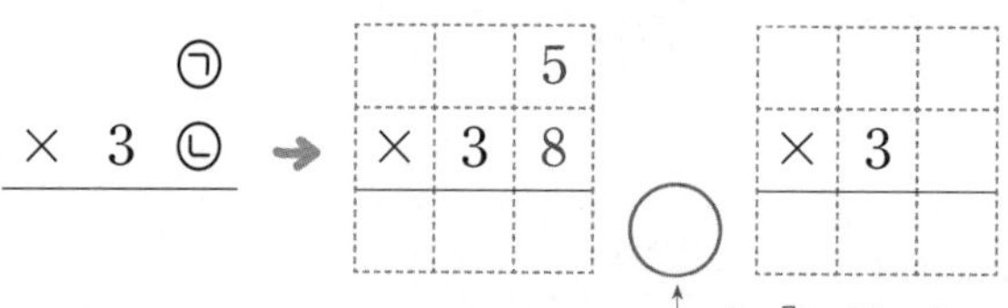

크기를 비교하여 >, <로 나타내요.

십의 자리와 곱하는 수가 클수록 곱이 크므로 ㉠에 가장 큰 수, ㉡에 두 번째로 큰 수를 써요.

따라서 계산 결과가 가장 큰 곱셈식은 .... × ....입니다.

❹ 답을 쓰세요. ㉠에 알맞은 수는 ...., ㉡에 알맞은 수는 ....입니다.

한번 더 OK

2

수 카드 3 , 9 , 5 를 한 번씩만 사용하여 계산 결과가 가장 작은 곱셈식을 만들어 보세요.

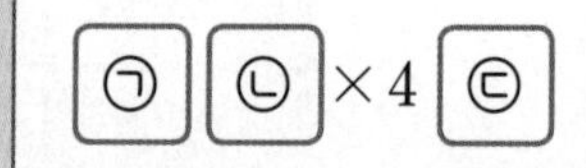

문제읽고

❶ 구하는 것에 밑줄 치고, 주어진 것에 ○표 하세요.

❷ 곱이 가장 작은 곱셈식을 만들려면 어떻게 해야 하나요?

곱이 가장 작으려면 십의 자리에 가장 (큰 , 작은) 수를 써야 합니다.

➔ ㉠에 가장 (큰 , 작은) 수 ....을 놓습니다.

풀이쓰고

❸ ㉠, ㉡, ㉢에 수 카드를 넣어 곱셈식을 만들어 계산하고, 곱의 크기를 비교하세요.

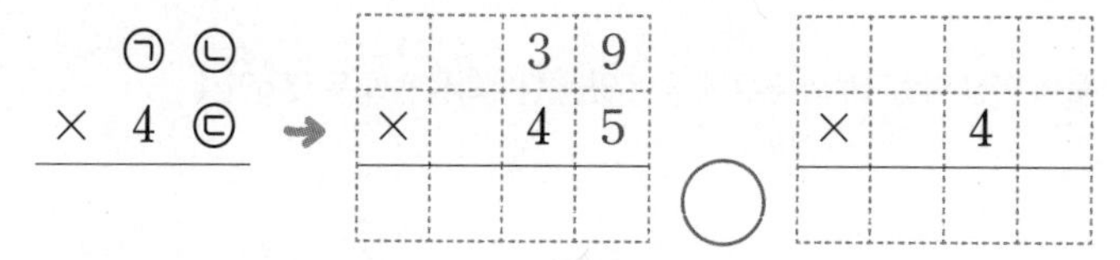

❹ 답을 쓰세요. 계산 결과가 가장 작은 곱셈식은 ....입니다.

대표 문제 **3**

어떤 수와 41의 합은 100입니다.
어떤 수에 41을 곱하면 얼마가 될까요?

문제읽고

❶ 구하는 것에 밑줄 치고, 주어진 것에 ○표 하세요.

풀이쓰고

❷ 어떤 수를 ■라고 하여 식을 만드세요.

어떤 수와 41의 합은 100입니다. → ■ (+ , ×) 41 =

(■ / + 41 / = 100)

❸ 어떤 수 ■를 구하세요.

■ + 41 = 100 → ■ = 100 (+ , -) 41 = ...

❹ 어떤 수에 41을 곱하면 얼마인지 구하세요.

(어떤 수) × 41 = ... × .... = ...

❺ 답을 쓰세요.

어떤 수에 41을 곱하면 ....가 됩니다.

한 단계 UP **4**

어떤 수에 39를 곱해야 할 것을 잘못하여 뺐더니 46이 되었습니다.
바르게 계산하면 얼마인지 구하세요.

문제읽고

❶ 구하는 것에 밑줄 치고, 주어진 것에 ○표 하세요.

풀이쓰고

❷ 어떤 수를 ■라고 하여 식을 만드세요.

어떤 수에서 39를 뺐더니 46이 되었습니다. → ■ (× , -) =

(■ / - 39 / = 46)

❸ 어떤 수 ■를 구하세요.

■ - 39 = 46 → ■ = 46 (+ , -) 39 = ...

❹ 바르게 계산하세요.

(어떤 수) × 39 = ... × .... = ...

❺ 답을 쓰세요.

바르게 계산하면 ....입니다.

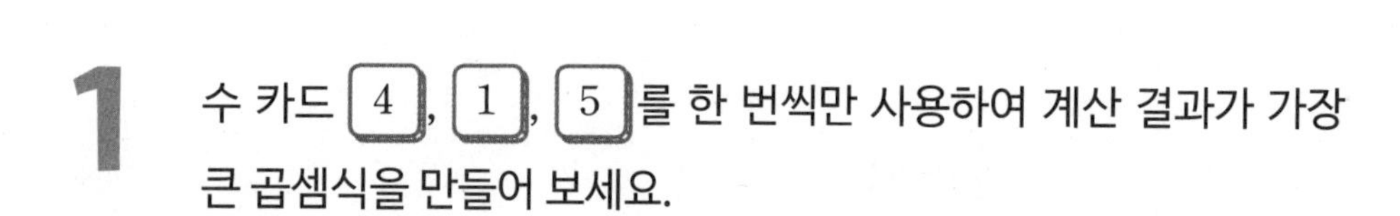

1 수 카드 [4], [1], [5]를 한 번씩만 사용하여 계산 결과가 가장 큰 곱셈식을 만들어 보세요.

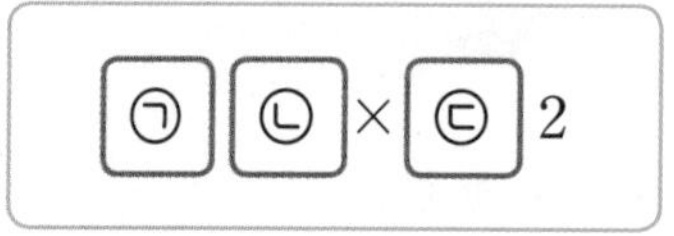

문제읽기 CHECK
- ☐ 구하는 것에 밑줄, 주어진 것에 ○표!
- ☐ 수 카드를 큰 수부터 차례로 쓰면? .... > .... > ....

풀이 ❶ ㉠, ㉡, ㉢에 수 카드를 넣어 곱셈식을 만들고, 계산하세요.

곱이 가장 큰 곱셈식을 만들려면

십의 자리에 (큰 , 작은) 수를 써야 합니다.

[5][ ] × [ ]2 = ...

[ ][ ] × [ ]2 = ...

❷ 곱의 크기를 비교하여 계산 결과가 가장 큰 곱셈식을 구하세요.

.... > ....이므로

계산 결과가 가장 큰 곱셈식은 .... × ....입니다.

답 ....

2 수 카드 [8], [2], [4]를 한 번씩만 사용하여 계산 결과가 가장 작은 곱셈식을 만들려고 합니다. ㉠, ㉡, ㉢에 알맞은 수를 구하세요.

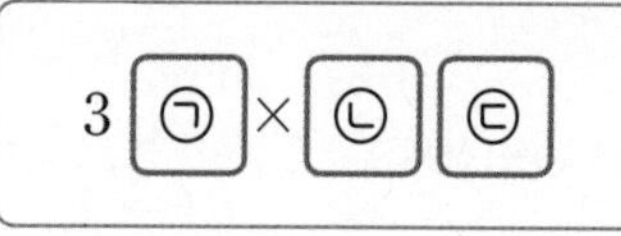

문제읽기 CHECK
- ☐ 구하는 것에 밑줄, 주어진 것에 ○표!
- ☐ 수 카드를 작은 수부터 차례로 쓰면? .... < .... < ....

풀이 ❶ ㉠, ㉡, ㉢에 수 카드를 넣어 곱셈식을 만들고, 계산하세요.

❷ 곱의 크기를 비교하여 계산 결과가 가장 작은 곱셈식을 구하세요.

답 ㉠: , ㉡: , ㉢:

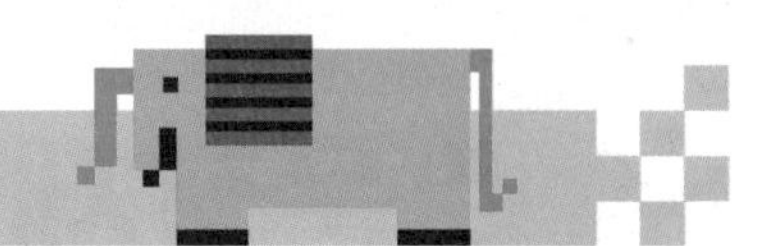

3

63을 어떤 수로 나누었더니 9가 되었습니다. 306과 어떤 수의 곱을 구하세요.

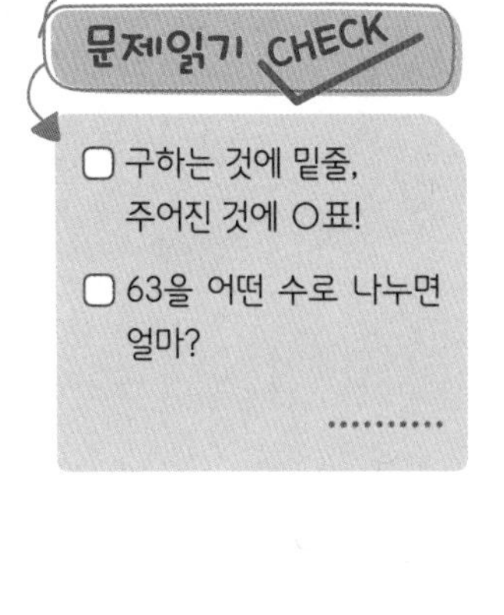

문제읽기 CHECK
구하는 것에 밑줄, 주어진 것에 ○표!
63을 어떤 수로 나누면 얼마?

풀이 ❶ 어떤 수를 □라고 하여 식을 만드세요.

❷ 어떤 수 □를 구하세요.

❸ 306과 어떤 수의 곱을 구하세요.

답 ....

4

어떤 수에 25를 곱해야 할 것을 잘못하여 52를 더했더니 92가 되었습니다. 바르게 계산하면 얼마인지 구하세요.

문제읽기 CHECK

- ☐ 구하는 것에 밑줄, 주어진 것에 ○표!
- ☐ 잘못한 계산은? 어떤 수에 .... 를 더하면 .... 가 된다.
- ☐ 바른 계산은? 어떤 수에 25를 (더한다 , 곱한다).

풀이 ❶ 어떤 수를 □라고 하여 식을 만드세요.

❷ 어떤 수 □를 구하세요.

❸ 바르게 계산하면 얼마인지 구하세요.

답 ....

6 DAY 문장제 서술형 평가

1 선생님께서 경환이네 반 학생 19명에게 초콜릿을 각각 12개씩 나누어 주셨습니다. 나누어 준 초콜릿은 모두 몇 개일까요? **(5점)**

답 ....

2 1시간은 60분이고, 하루는 24시간입니다. 하루는 몇 분일까요? **(5점)**

3 홍콩에 다녀오신 이모는 홍콩 돈으로 8달러짜리 머리끈을 사 오셨습니다. 오늘 홍콩 돈 1달러는 우리나라 돈 137원과 같았습니다. 홍콩에서 산 8달러짜리 머리끈은 우리나라 돈으로 얼마일까요? **(5점)**

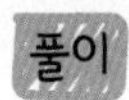

답 ....

4 어느 건물의 승강기에 최대 정원이 오른쪽과 같이 표시되어 있습니다. 한 사람의 몸무게를 65 kg으로 보았을 때 승강기에 실을 수 있는 최대 무게는 몇 kg일까요? **(5점)**

승강기
최대 정원 18명

풀이

5 어떤 수에 63을 곱해야 할 것을 잘못하여 더했더니 95가 되었습니다. 바르게 계산하면 얼마일까요? **(6점)**

풀이

6 수 카드 7, 2, 5를 한 번씩만 사용하여 계산 결과가 가장 큰 곱셈식을 만들어 보세요. **(6점)**

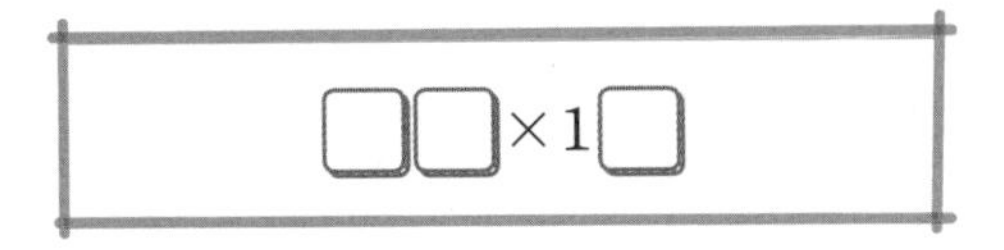

풀이

7 다음 표는 식품별 열량을 나타냅니다. 성민이는 일주일 동안 달걀 7개와 바나나 12개, 초코바 14개를 간식으로 먹었습니다. 성민이가 일주일 동안 먹은 간식의 열량은 모두 얼마일까요? **(7점)**

간식	열량(킬로칼로리)
달걀 1개	130
바나나 1개	88
초코바 1개	75

풀이

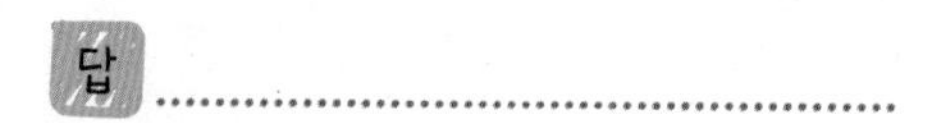
답 ....

8 길이가 18 cm인 색 테이프 27장을 그림과 같이 5 cm씩 겹쳐서 이어 붙였습니다. 이어 붙인 색 테이프의 전체 길이는 몇 cm일까요? **(8점)**

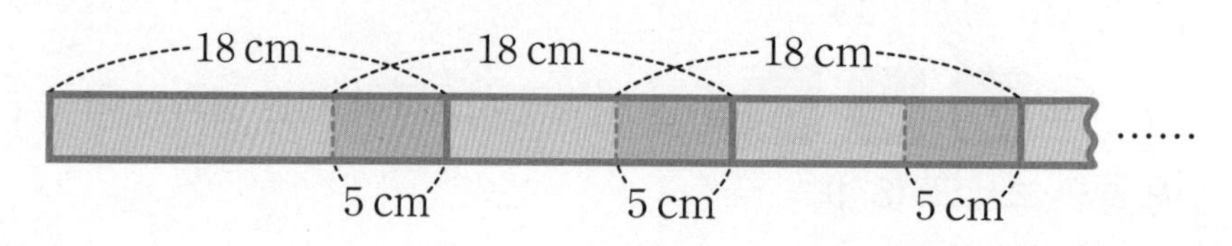

풀이

답 ....

할머니 댁에 가요

선을 그어 길을 찾아주세요.

빨간 망토를 입고 할머니 댁에 가요.
숲속 길은 너무 복잡해서 언제나 헷갈려요.
늑대를 마주치지 않고 갈 수 있도록 다섯 가지 길 중 올바른 길을 찾아 주세요.

2 나눗셈

어떻게 공부할까요?

계획대로 공부했나요?
스스로 평가하여
알맞은 표정에 색칠하세요.

교재 날짜	공부할 내용	공부한 날짜	스스로 평가
7일	개념 확인하기	/	
8일	나눗셈을 이용하여 몫 구하기	/	
9일	나눗셈을 이용하여 몫과 나머지 구하기	/	
10일	나눗셈이 있는 복잡한 계산	/	
11일	어떤 수 구하기	/	
12일	문장제 서술형 평가	/	

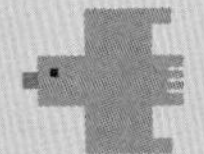

나눗셈을 하여
몫과 나머지를
구해 보자.

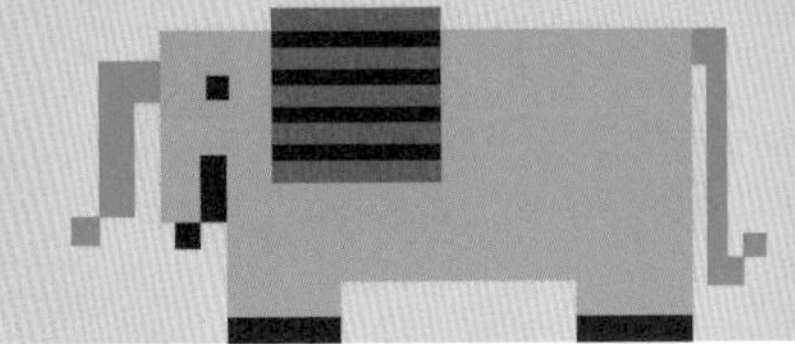

무엇을 배울까요?

교과서 학습연계도

2-2

2. 곱셈구구
- 1~9단 곱셈구구
- 0의 곱

3-1

3. 나눗셈
- 나눗셈 개념
- 곱셈구구 범위의 (두 자리 수)÷(한 자리 수)

3-2

2. 나눗셈
- (두 자리 수)÷(한 자리 수)
- (세 자리 수)÷(한 자리 수)

4-1

3. 곱셈과 나눗셈
- (두 자리 수)÷(두 자리 수)
- (세 자리 수)÷(두 자리 수)

“ 전체가 무엇인지, 똑같이 나누는 수는 무엇인지 먼저 생각해요.

전체를 ★묶음으로 똑같이 나누면 한 묶음에 몇 개씩인지 알아볼 때
또 전체를 ★개씩 묶으면 몇 묶음이 되는지 알아볼 때 나눗셈을 이용해요.
나눗셈식을 쓸 때 주의할 것은
무조건 큰 수를 작은 수로 나눈다고 생각하면 절대로 안 돼요.
먼저 전체가 무엇인지, 똑같이 나누는 수는 무엇인지를 구별하여
(전체)÷(똑같이 나누는 수)의 식을 세우는 연습을 하세요. ”

7 DAY 개념 확인하기

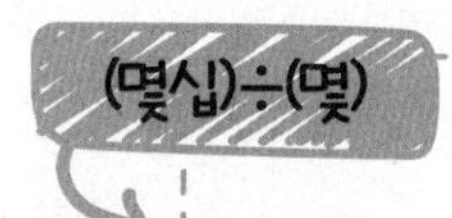

1 그림을 보고 빈 곳에 알맞은 수를 써넣으세요.

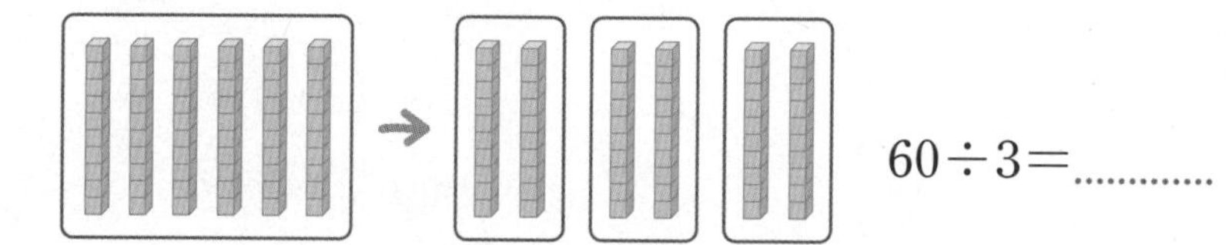

$60 \div 3 =$ ....

2 계산해 보세요.

(1) $80 \div 5 =$ ....　　(2) $90 \div 2 =$ ....

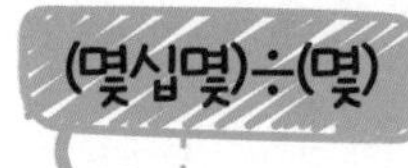

3 나눗셈식을 보고 빈 곳에 알맞은 말을 써넣으세요.

$17 \div 5 = 3 \cdots 2$

17을 5로 나누면 ....은 3이고 2가 남습니다.

이때 2를 $17 \div 5$의 ....라고 합니다.

4 계산해 보세요.

(1)

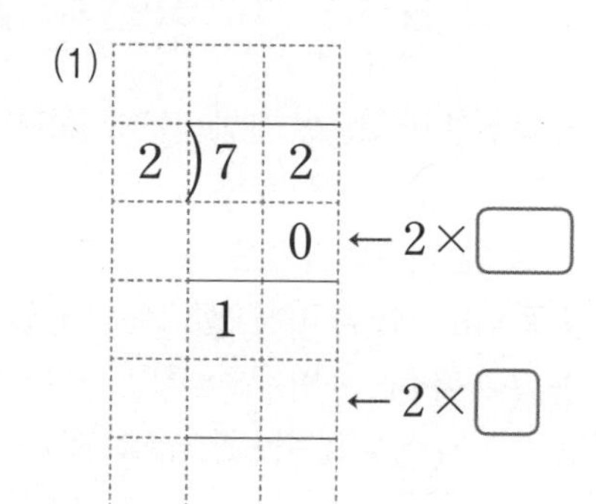

(2)

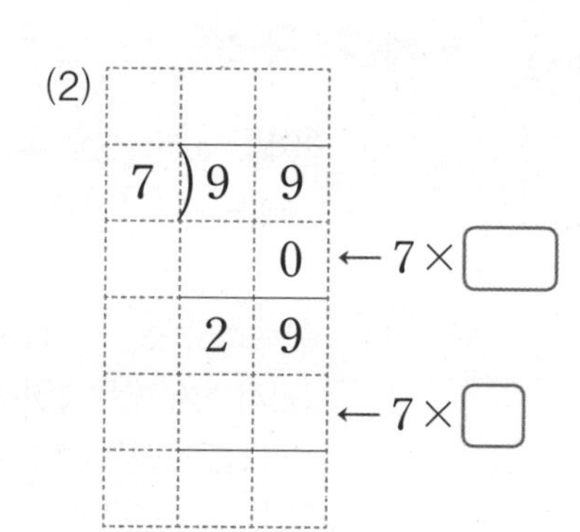

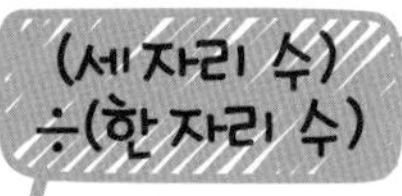

5 계산해 보세요.

(1) $5\overline{)605}$

(2) $8\overline{)370}$

6 잘못 계산한 곳을 찾아 바르게 계산해 보세요.

$$\begin{array}{r} 17 \\ 9\overline{)963} \\ 9 \\ \hline 63 \\ 63 \\ \hline 0 \end{array}$$

→ $9\overline{)963}$

계산이 맞는지 확인하기

7 나눗셈을 하고 계산 결과가 맞는지 확인해 보세요.

(1) $93 \div 4 =$ ______ … ______

확인 $4 \times$ ______ $= 92$, $92 +$ ______ $=$ ______

(2) $257 \div 3 =$ ______ … ______

확인 ______________, ______________

8 DAY

나눗셈을 이용하여 몫 구하기

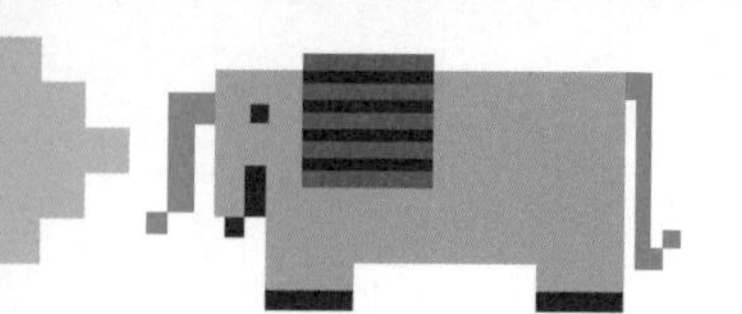

대표 문제

1

풍선 78개를 한 사람에게 6개씩 나누어 주려고 합니다.
풍선을 몇 명에게 나누어 줄 수 있을까요?

문제읽고

❶ 무엇을 구하는 문제인가요? 구하는 것에 밑줄 치세요.

❷ 주어진 것은 무엇인가요? ○표 하고 답하세요.

전체 풍선 수 : ....개, 한 사람에게 주는 풍선 수 : ....개

풀이쓰고

❸ 식을 쓰세요.

(나누어 줄 수 있는 사람 수) = (전체 풍선 수) (× , ÷) (한 사람에게 주는 풍선 수)

= .... (× , ÷) .... = ...(명)

❹ 답을 쓰세요.

풍선을 ....에게 나누어 줄 수 있습니다.

한번 더 OK

2

초콜릿 392개를 한 상자에 8개씩 넣어서 포장하려고 합니다.
상자는 몇 개 필요할까요?

문제읽고

❶ 무엇을 구하는 문제인가요? 구하는 것에 밑줄 치세요.

❷ 주어진 것은 무엇인가요? ○표 하고 답하세요.

전체 초콜릿 수 : ....개, 한 상자에 넣는 초콜릿 수 : ....개

풀이쓰고

❸ 식을 쓰세요.

(필요한 상자 수) = (전체 초콜릿 수) (× , ÷) (한 상자에 넣는 초콜릿 수)

= .... (× , ÷) .... = ...(개)

❹ 답을 쓰세요.

상자는 .... 필요합니다.

대표 문제 **3**

합창단 학생 48명을 4모둠으로 똑같이 나누어 연습을 하려고 합니다.
한 모둠은 몇 명씩일까요?

문제읽고

❶ 무엇을 구하는 문제인가요? 구하는 것에 밑줄 치세요.

❷ 주어진 것은 무엇인가요? ○표 하고 답하세요.

전체 학생 수 : ....명, 똑같이 나누는 모둠 수 : .... 모둠

풀이쓰고

❸ 식을 쓰세요.

(한 모둠의 학생 수) = (전체 학생 수) (× , ÷) (나누는 모둠 수)

= .... (× , ÷) .... = ...(명)

❹ 답을 쓰세요.

한 모둠은 ....씩입니다.

한단계 UP **4**

선생님께서 길이가 378 cm인 색 테이프를 9 cm씩 모두 자른 다음,
자른 조각을 봉지 3개에 똑같이 나누어 담았습니다.
한 봉지에 들어 있는 색 테이프 조각은 몇 개일까요?

문제읽고

❶ 무엇을 구하는 문제인가요? 구하는 것에 밑줄 치세요.

❷ 주어진 것은 무엇인가요? ○표 하고 답하세요.

전체 길이 : .... cm, 한 조각의 길이 : .... cm, 나누어 담은 봉지 수 : ....개

풀이쓰고

❸ 9 cm씩 자른 조각은 몇 개인지 구하세요.

(자른 조각 수) = ... (× , ÷) .... = ...(개)

❹ 한 봉지에 들어 있는 조각은 몇 개인지 구하세요.

(한 봉지의 조각 수) = (자른 조각 수) (× , ÷) (나누어 담은 봉지 수)

= .... (× , ÷) .... = ...(개)

❺ 답을 쓰세요.

한 봉지에 들어 있는 색 테이프 조각은 ....입니다.

1

현우네 학교 3학년 학생 65명이 케이블카를 타려고 합니다. 케이블카 한 대에 5명씩 탄다면 케이블카는 몇 대 필요할까요?

문제읽기 CHECK

- ☐ 구하는 것에 밑줄, 주어진 것에 ○표!
- ☐ 케이블카에 타는 전체 학생 수는? ....명
- ☐ 케이블카 한 대에 타는 학생 수는? ....명

풀이 (필요한 케이블카 수)

= (전체 학생 수) (× , ÷) (한 대에 타는 학생 수)

= ....

= ....(대)

답 ....

2

동물원에 있는 홍학의 다리를 모두 세었더니 30개였습니다. 홍학은 모두 몇 마리일까요?

문제읽기 CHECK
☐ 구하는 것에 밑줄, 주어진 것에 ○표!
☐ 홍학 전체의 다리 수는? ....개
☐ 홍학 1마리의 다리 수는? ....개

풀이

답 ....

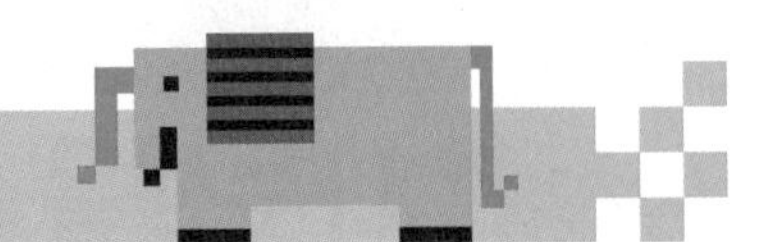

3 귤 574개를 상자 7개에 똑같이 나누어 담으려고 합니다. 한 상자에 귤을 몇 개씩 담아야 할까요?

문제읽기 CHECK
□ 구하는 것에 밑줄, 주어진 것에 ○표!
□ 전체 귤 수는?
..........개
□ 나누어 담는 상자 수는?
..........개

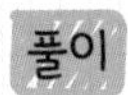

풀이

답 ....

도전!

mL는 들이 단위로 '밀리리터'라고 읽어요.

4 물 864 mL를 물통 3개에 똑같이 나누어 담은 다음, 물통 한 개에 담긴 물을 컵 6개에 똑같이 나누어 담았습니다. 컵 한 개에 담긴 물은 몇 mL일까요?

문제읽기 CHECK

□ 구하는 것에 밑줄, 주어진 것에 ○표!

□ 전체 물의 양은?
..........mL

□ 나누어 담은 물통 수는?
..........개

□ 물통 한 개에 담긴 물을 나누어 담은 컵 수는?
..........개

풀이 ❶ 물통 한 개에 담긴 물은 몇 mL인지 구하세요.

❷ 컵 한 개에 담긴 물은 몇 mL인지 구하세요.

답 ....

9 DAY

나눗셈을 이용하여 몫과 나머지 구하기

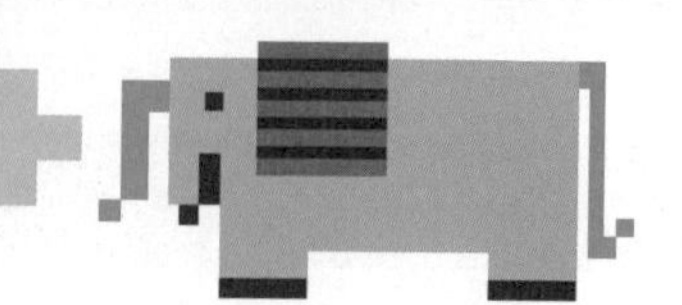

대표 문제

1

색종이 47장을 한 명당 9장씩 나누어 주려고 합니다.
몇 명에게 나누어 줄 수 있고, 몇 장이 남을까요?

문제읽고

❶ 무엇을 구하는 문제인가요? 구하는 것에 밑줄 치세요.

❷ 주어진 것은 무엇인가요? ○표 하고 답하세요.

전체 색종이 수 : ....장, 한 명에게 주는 색종이 수 : ....장

풀이쓰고

❸ 색종이를 몇 명에게 나누어 줄 수 있고, 몇 장이 남는지 구하세요.

(전체 색종이 수) ÷ (한 명에게 주는 색종이 수)

= .... ÷ .... = ... ··· ....

➜ 색종이를 나누어 줄 수 있는 사람 수는 (몫 , **나머지**)이므로 ....명이고,

남는 색종이 수는 (몫 , **나머지**)이므로 ....장입니다.

❹ 답을 쓰세요.

색종이를 ....에게 나누어 줄 수 있고, ...이 남습니다.

한번 더 OK

2

꽃모종 68송이를 화단 5곳에 똑같이 나누어 심으려고 합니다.
화단 한 곳에 몇 송이씩 심을 수 있고, 몇 송이가 남을까요?

문제읽고

❶ 무엇을 구하는 문제인가요? 구하는 것에 밑줄 치세요.

❷ 주어진 것은 무엇인가요? ○표 하고 답하세요.

전체 꽃모종 수 : ....송이, 나누어 심는 화단 수 : ....곳

풀이쓰고

❸ 꽃모종을 몇 송이씩 심을 수 있고, 몇 송이가 남는지 구하세요.

(전체 꽃모종 수) ÷ (나누는 화단 수)

= .... ÷ .... = ... ··· ....

➜ 화단 한 곳에 심는 꽃모종 수는 (몫 , **나머지**)이므로 ....송이이고,

남는 꽃모종 수는 (몫 , **나머지**)이므로 ....송이입니다.

❹ 답을 쓰세요.

화단 한 곳에 ....씩 심을 수 있고, ...가 남습니다.

대표 문제

3

진영이는 245쪽짜리 문제집을 매일 8쪽씩 풀고 있습니다.
문제집을 모두 푸는 데 며칠이 걸릴까요?

문제읽고

❶ 무엇을 구하는 문제인가요? 구하는 것에 밑줄 치세요.
❷ 주어진 것은 무엇인가요? ○표 하고 답하세요.

전체 쪽수 : ....쪽, 하루에 푸는 쪽수 : ....쪽

풀이쓰고

❸ 문제집을 모두 푸는 데 며칠이 걸리는지 구하세요.

(전체 쪽수) ÷ (하루에 푸는 쪽수)

= .... ÷ .... = ... ⋯ ....

➔ 문제집을 ....일 동안 풀면 ....쪽이 남습니다.

남은 ....쪽도 풀어야 하므로 문제집을 모두 푸는 데 (30 , 31)일이 걸립니다.

❹ 답을 쓰세요.

문제집을 모두 푸는 데 ....이 걸립니다.

한번 더 OK

4

멜론 91개를 한 상자에 6개씩 담아서 판매하려고 합니다.
팔 수 있는 멜론은 모두 몇 상자일까요?

문제읽고

❶ 무엇을 구하는 문제인가요? 구하는 것에 밑줄 치세요.
❷ 주어진 것은 무엇인가요? ○표 하고 답하세요.

전체 멜론 수 : ....개, 한 상자에 담는 멜론 수 : ....개

풀이쓰고

❸ 팔 수 있는 멜론은 몇 상자인지 구하세요.

(전체 멜론 수) ÷ (한 상자에 담는 멜론 수)

= .... ÷ .... = ... ⋯ ....

➔ 멜론을 ....상자에 담고, ...개가 남습니다.

남은 멜론 ....개는 상자에 담아 판매할 수 (**있습니다** , **없습니다**).

❹ 답을 쓰세요.

팔 수 있는 멜론은 모두 .... 입니다.

문장제 실력쌓기 2

1 호두과자가 78개 있습니다. 한 봉지에 4개씩 담으면 몇 봉지가 되고, 몇 개가 남을까요?

풀이 (전체 호두과자 수) ÷ (한 봉지에 담는 호두과자 수)

= .... = ... ··· ....

➜ 호두과자는 ....봉지가 되고, ...개가 남습니다.

답 ...., ...

문제읽기 CHECK

☐ 구하는 것에 밑줄, 주어진 것에 ○표!

☐ 전체 호두과자 수는? ....개

☐ 한 봉지에 담는 호두 과자 수는? ....개

2 여행에서 찍은 사진 370장을 새 사진첩에 모두 꽂아 정리하려고 합니다. 사진을 한 쪽에 7장씩 채워서 꽂는다면 마지막 쪽에는 사진을 몇 장 꽂게 될까요?

풀이

답 ....

문제읽기 CHECK

☐ 구하는 것에 밑줄, 주어진 것에 ○표!

☐ 전체 사진 수는? ....장

☐ 사진첩 한 쪽에 꽂는 사진 수는? ....장

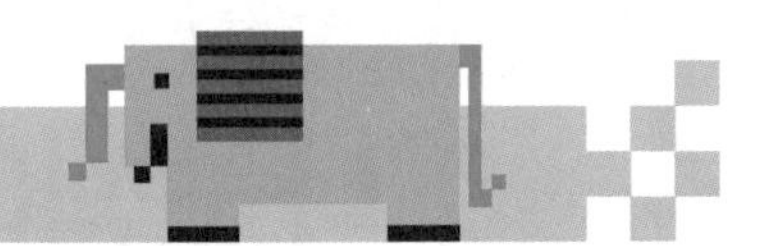

3 장난감 자동차 27대를 진열장 위에 모두 올려 놓으려고 합니다. 진열장 한 칸에 장난감 자동차를 5대씩 놓을 수 있다면 진열장은 적어도 몇 칸 필요할까요?

풀이

답 ....

문제읽기 CHECK

- ▢ 구하는 것에 밑줄, 주어진 것에 ○표!
- ▢ 전체 장난감 자동차 수는? ....대
- ▢ 한 칸에 놓을 수 있는 장난감 자동차 수는? ....대

4 리본 한 개를 만드는 데 노끈 8 cm가 필요합니다. 길이가 3 m인 노끈으로 리본을 몇 개까지 만들 수 있을까요?

풀이 ❶ 3 m는 몇 cm인지 구하세요.

❷ 리본을 몇 개까지 만들 수 있는지 구하세요.

답 ....

문제읽기 CHECK

- ▢ 구하는 것에 밑줄, 주어진 것에 ○표!
- ▢ 전체 노끈의 길이는? ....m
- ▢ 리본 한 개를 만드는 데 필요한 노끈의 길이는? ....cm
- ▢ 1 m는 몇 cm? ....cm

10 DAY 나눗셈이 있는 복잡한 계산

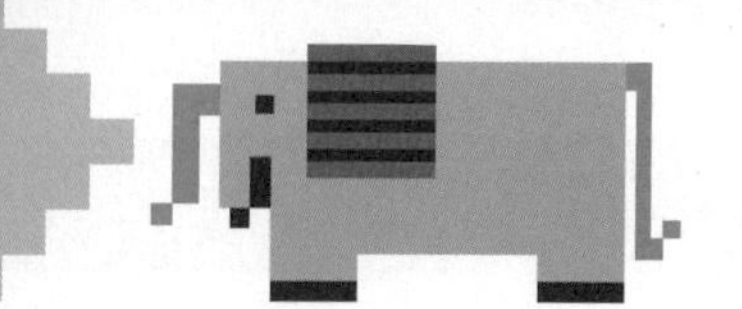

대표문제

1

남학생 52명과 여학생 68명이 있습니다.
학생들이 한 줄에 4명씩 서면 몇 줄이 될까요?

문제읽고

❶ 무엇을 구하는 문제인가요? 구하는 것에 밑줄 치세요.
❷ 주어진 것은 무엇인가요? ○표 하고 답하세요.

전체 학생 수 : ....명과 ....명, 한 줄에 서는 학생 수 : ....명

풀이쓰고

❸ 전체 학생은 몇 명인지 구하세요.

(전체 학생 수) = ... (+ , ×) .... = ...(명)

❹ 한 줄에 4명씩 서면 몇 줄이 되는지 구하세요.

(줄 수) = ... (× , ÷) .... = ...(줄)

❺ 답을 쓰세요.

학생들은 ....이 됩니다.

한번 더 OK

2

한 봉지에 12개씩 들어 있는 과자를 15상자 샀습니다.
이 과자를 접시 7개에 똑같이 나누어 놓으려고 합니다.
한 접시에 과자를 몇 개씩 놓을 수 있고, 몇 개가 남을까요?

문제읽고

❶ 무엇을 구하는 문제인가요? 구하는 것에 밑줄 치세요.
❷ 주어진 것은 무엇인가요? ○표 하고 답하세요.

전체 과자 수 : ....개씩 ....상자, 나누어 놓는 접시 수 : ....개

풀이쓰고

❸ 전체 과자는 몇 개인지 구하세요.

(전체 과자 수) = ... (× , ÷) .... = ...(개)

❹ 한 접시에 과자를 몇 개씩 놓을 수 있고, 몇 개가 남는지 구하세요.

(전체 과자 수) ÷ (접시 수) = ... (× , ÷) .... = ... ⋯ ....

❺ 답을 쓰세요.

한 접시에 과자를 ....씩 놓을 수 있고, ...가 남습니다.

3

사탕 45개는 한 주머니에 3개씩 담고,
초콜릿 96개는 한 주머니에 8개씩 담으려고 합니다.
주머니는 모두 몇 개 필요할까요?

문제읽고

❶ 무엇을 구하는 문제인가요? 구하는 것에 밑줄 치세요.

❷ 주어진 것은 무엇인가요? ○표 하고 답하세요.

사탕 ....개는 ....개씩, 초콜릿 ....개는 ....개씩 나누어 담습니다.

풀이쓰고

❸ 사탕과 초콜릿을 담는 주머니는 몇 개인지 각각 구하세요.

(사탕을 담는 주머니 수) = ... (× , ÷) .... = ...(개)

(초콜릿을 담는 주머니 수) = ... (× , ÷) .... = ...(개)

❹ 주머니는 모두 몇 개 필요한지 구하세요.

(필요한 주머니 수) = ... = ...(개)

❺ 답을 쓰세요. 주머니는 모두 .... 필요합니다.

한단계 UP

4

과수원에서 사과 105개는 5상자에 똑같이 나누어 담고,
배 162개는 9상자에 똑같이 나누어 담았습니다.
한 상자에 담은 과일은 어느 것이 몇 개 더 많을까요?

문제읽고

❶ 무엇을 구하는 문제인가요? 구하는 것에 밑줄 치세요.

❷ 주어진 것은 무엇인가요? ○표 하고 답하세요.

사과 ....개는 ....상자에, 배 ....개는 ....상자에 똑같이 나누어 담습니다.

풀이쓰고

❸ 한 상자에 담은 사과와 배는 몇 개인지 각각 구하세요.

(한 상자에 담은 사과의 수) = ... (× , ÷) .... = ...(개)

(한 상자에 담은 배의 수) = ... (× , ÷) .... = ...(개)

❹ 한 상자에 담은 사과와 배 중에서 어느 것이 몇 개 더 많은지 구하세요.

.... > ....이므로 (**사과** , **배**)가 .... - .... = ...(개) 더 많습니다.

❺ 답을 쓰세요.

한 상자에 담은 과일은 ....가 .... 더 많습니다.

1 승원이네 학교 3학년은 한 반에 24명씩 6반입니다. 3학년 학생들이 9모둠으로 똑같이 나누어 축구 경기를 한다면 한 모둠은 몇 명씩으로 해야 할까요?

문제읽기 CHECK
- ☐ 구하는 것에 밑줄, 주어진 것에 ○표!
- ☐ 전체 학생 수는? ......명씩 ......반
- ☐ 나누는 모둠 수는? ......모둠

풀이 (전체 학생 수) = (한 반의 학생 수) (+, ×) (반 수)

= ....

= ....(명)

(한 모둠의 학생 수) = (전체 학생 수) (× , ÷) (모둠 수)

= ....

= ....(명)

답 ....

2 딸기 맛 사탕 90개와 오렌지 맛 사탕 75개를 섞어서 한 봉지에 6개씩 넣어 포장하려고 합니다. 사탕은 몇 봉지가 되고, 몇 개가 남을까요?

문제읽기 CHECK
- ☐ 구하는 것에 밑줄, 주어진 것에 ○표!
- ☐ 사탕 수는? 딸기 맛 ......개 오렌지 맛 ......개
- ☐ 한 봉지에 넣는 사탕 수는? ......개

풀이 ❶ 전체 사탕은 몇 개인지 구하세요.

❷ 포장한 사탕은 몇 봉지가 되고, 몇 개가 남는지 구하세요.

답 ....,..............................

3 길이가 70 cm인 빨간색 테이프는 7 cm씩 자르고, 길이가 55 cm인 파란색 테이프는 5 cm씩 잘랐습니다. 자른 색 테이프 조각은 모두 몇 개일까요?

문제읽기 CHECK

- ☐ 구하는 것에 밑줄, 주어진 것에 ○표!
- ☐ 빨간색 테이프를 자른 방법은? ...... cm를 ...... cm씩 잘랐다.
- ☐ 파란색 테이프를 자른 방법은? ...... cm를 ...... cm씩 잘랐다.

풀이 ❶ 빨간색 테이프와 파란색 테이프를 자른 조각은 몇 개인지 각각 구하세요.

❷ 자른 테이프 조각은 모두 몇 개인지 구하세요.

답 ....

4 세호는 연필 50자루를 한 명당 2자루씩 나누어 주었고, 정우는 연필 69자루를 한 명당 3자루씩 나누어 주었습니다. 누가 몇 명에게 더 많이 나누어 주었을까요?

문제읽기 CHECK

- ☐ 구하는 것에 밑줄, 주어진 것에 ○표!
- ☐ 세호가 나누어 준 방법은? ...... 자루를 ...... 자루씩 나누어 주었다.
- ☐ 정우가 나누어 준 방법은? ...... 자루를 ...... 자루씩 나누어 주었다.

풀이 ❶ 세호는 연필을 몇 명에게 나누어 주었는지 구하세요.

❷ 정우는 연필을 몇 명에게 나누어 주었는지 구하세요.

❸ 누가 몇 명에게 더 많이 나누어 주었는지 구하세요.

답 ...., ...

11 DAY

어떤 수 구하기

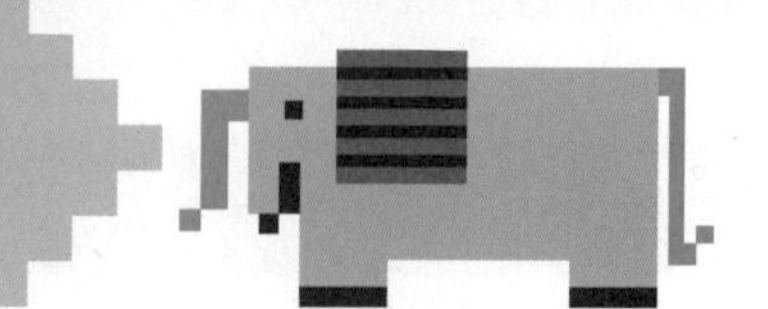

대표 문제

1

어떤 수를 2로 나누었더니 몫이 16으로 나누어떨어졌습니다. 어떤 수는 얼마일까요?

문제읽고

❶ 구하는 것에 밑줄 치고, 주어진 것에 ○표 하세요.

풀이쓰고

❷ 어떤 수를 □라고 하여 나눗셈식을 만들고, 어떤 수 □를 구하세요.

어떤 수를 2 로 나누었더니 몫이 .... 으로 나누어떨어졌습니다.

➜ 나눗셈식 □ ÷ 2 = ...

➜ 계산 2 × .... = □, □ = ...

• 곱셈과 나눗셈의 관계 •

○ × △ = ★ → ★ ÷ ○ = △, ★ ÷ △ = ○

❸ 답을 쓰세요.

어떤 수는 .... 입니다.

한번 더 OK

2

어떤 수를 3으로 나누었더니 몫이 48로 나누어떨어졌습니다. 어떤 수는 얼마일까요?

문제읽고

❶ 구하는 것에 밑줄 치고, 주어진 것에 ○표 하세요.

풀이쓰고

❷ 어떤 수를 □라고 하여 나눗셈식을 만들고, 어떤 수 □를 구하세요.

어떤 수를 .... 으로 나누었더니 몫이 .... 로 나누어떨어졌습니다.

➜ 나눗셈식 □ ÷ .... = ...

➜ 계산 .... = □, □ = ...

❸ 답을 쓰세요.

어떤 수는 .... 입니다.

대표 문제 **3**

어떤 수를 8로 나누었더니 몫이 11이고 나머지가 3이 되었습니다.
어떤 수는 얼마일까요?

문제읽고

❶ 구하는 것에 밑줄 치고, 주어진 것에 ○표 하세요.

풀이쓰고

❷ 어떤 수를 □라고 하여 나눗셈식을 만들고, 어떤 수 □를 구하세요.

어떤 수를 ....로 나누면 몫이 ....이고 나머지가 ....입니다.

➜ 나눗셈식 □ ÷ .... = ... ··· ....

➜ 계산 8 × .... = ..., ... + ... = ...이므로

□ = ...입니다.

❸ 답을 쓰세요.

어떤 수는 ....입니다.

한단계 UP **4**

색 테이프 한 줄을 6 cm씩 자르고 나니
13도막이 되고 2 cm가 남았습니다.
자르기 전의 색 테이프의 길이는 몇 cm였을까요?

문제읽고

❶ 구하는 것에 밑줄 치고, 주어진 것에 ○표 하세요.

❷ 문장을 바꾸세요.

색 테이프를 6 cm씩 자르고 나니 13도막이 되고 2 cm가 남았습니다.

➜ 색 테이프의 길이를 ....으로 나누면 몫이 ....이고 나머지가 ....입니다.

풀이쓰고

❸ 자르기 전의 색 테이프의 길이를 □ cm라고 하여 나눗셈식을 만들고, □를 구하세요.

➜ 나눗셈식 □ ÷ .... = ... ··· ....

➜ 계산 .... × .... = ..., ... + ... = ...이므로

□ = ...입니다.

❹ 답을 쓰세요.

자르기 전의 색 테이프의 길이는 ....였습니다.

1 어떤 수를 4로 나누었더니 몫이 36으로 나누어떨어졌습니다. 어떤 수는 얼마일까요?

풀이 어떤 수를 □라고 하면 □ ÷ .... = ... 입니다.

➜ .... × .... = ... 이므로

□ = ... 입니다.

따라서 어떤 수는 .... 입니다.

답 ....

문제읽기 CHECK

- □ 구하는 것에 밑줄, 주어진 것에 ○표!
- □ 문장을 완성하면? 어떤 수를 .... 로 나누면 몫이 .... 이다.

2 어떤 수를 7로 나누었더니 몫이 23이고, 나머지가 3이 되었습니다. 어떤 수는 얼마일까요?

풀이

답 ....

문제읽기 CHECK

- □ 구하는 것에 밑줄, 주어진 것에 ○표!
- □ 문장을 완성하면? 어떤 수를 .... 로 나누면 몫이 ...., 나머지가 .... 이다.

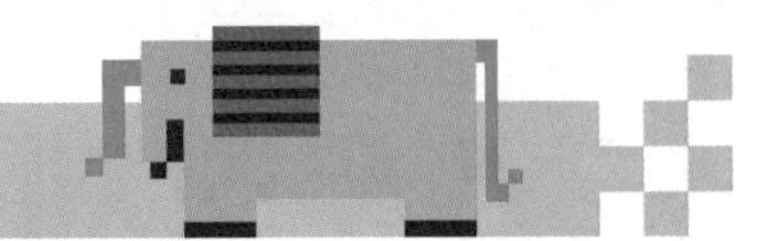

3

예서는 쿠키를 만들어 한 봉지에 3개씩 나누어 담았더니 52봉지가 되고 2개가 남았습니다. 예서가 만든 쿠키는 모두 몇 개일까요?

문제읽기 CHECK

- ☐ 구하는 것에 밑줄, 주어진 것에 ○표!
- ☐ 만든 쿠키를 3개씩 담으면?
  ....봉지가 되고,
  ....개가 남는다.

풀이 ❶ 예서가 만든 쿠키 수를 □라고 하여 나눗셈식을 만드세요.

❷ □를 구하세요.

답 ....

4

어떤 수를 5로 나누어야 할 것을 잘못하여 5를 곱했더니 450이 되었습니다. 바르게 계산한 몫은 얼마일까요?

문제읽기 CHECK

- ☐ 구하는 것에 밑줄, 주어진 것에 ○표!
- ☐ 잘못한 계산은?
  어떤 수에 ....를 곱하면 ....이 된다.
- ☐ 바른 계산은?
  어떤 수를 ....로 (곱한다 , 나눈다).

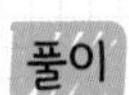

풀이 ❶ 어떤 수를 □라고 하여 잘못 계산한 식을 만들고, □를 구하세요.

❷ 바르게 계산한 몫을 구하세요.

답 ....

12 DAY 문장제 서술형 평가

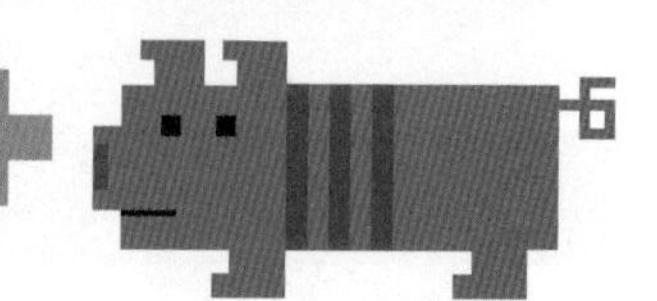

1 네 변의 길이의 합이 80 cm인 정사각형이 있습니다. 이 정사각형의 한 변의 길이는 몇 cm일까요? **(5점)**

2 감자 837개를 8상자에 똑같이 나누어 담았습니다. 감자를 한 상자에 몇 개씩 담고, 몇 개가 남았을까요? **(5점)**

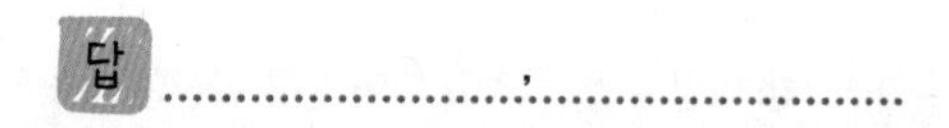

3 어떤 동화책을 매일 10쪽씩 9일 동안 읽으면 모두 읽을 수 있습니다. 이 동화책을 매일 6쪽씩 읽는다면 모두 읽는 데 며칠이 걸릴까요? **(6점)**

답 ....

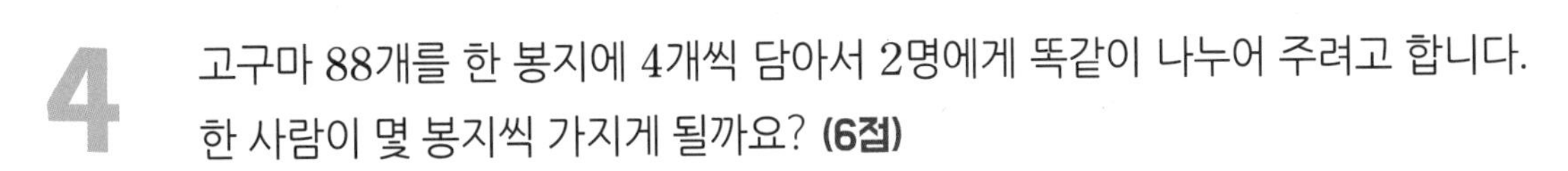

4 고구마 88개를 한 봉지에 4개씩 담아서 2명에게 똑같이 나누어 주려고 합니다. 한 사람이 몇 봉지씩 가지게 될까요? **(6점)**

풀이

답 ....

5 긴 의자에 7명이 앉을 수 있습니다. 80명이 모두 앉으려면 긴 의자는 적어도 몇 개 있어야 할까요? **(6점)**

풀이

답 ....

6 남학생은 54명이고, 여학생은 남학생보다 3명 더 적다고 합니다. 남학생과 여학생 상관없이 5모둠으로 똑같이 나누면 한 모둠은 몇 명씩일까요? **(6점)**

풀이

답 ....

7 어떤 수를 9로 나누어야 할 것을 잘못하여 곱했더니 819가 되었습니다. 바르게 계산한 몫과 나머지는 얼마일까요? **(7점)**

풀이

답 몫 : , 나머지 :

8 수 카드 [4], [8], [7]을 한 번씩 모두 사용하여 (두 자리 수) $\div$ (한 자리 수)의 나눗셈식을 만들려고 합니다. 몫이 가장 큰 나눗셈식을 만들어 몫과 나머지를 구하세요. **(8점)**

풀이

답 몫 : , 나머지 :

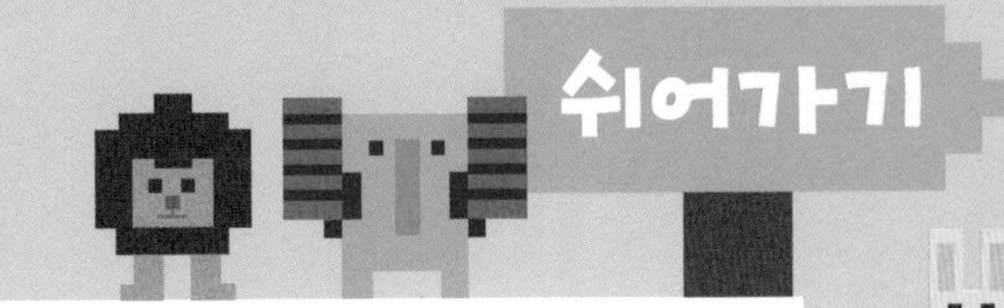

나를 찾아봐

숨은 그림 10개를 찾아 ○표 해 주세요.

10월의 끝자락, 할로윈 축제 날이에요.
괴물, 해적, 미라 등 재미있는 분장을 한 친구들이 보이네요!
나는 유령으로 변신했어요. 나를 찾아보세요.

돛단배, 물고기, 붓, 연필, 왕관, 조각 피자, 책, 칫솔, 클립, 편지 봉투

3 원

어떻게 공부할까요?

계획대로 공부했나요?
스스로 평가하여
알맞은 표정에 색칠하세요.

교재 날짜	공부할 내용	공부한 날짜	스스로 평가
13일	개념 확인하기	/	
14일	원의 반지름 또는 지름 구하기	/	
15일	선분, 변의 길이 구하기	/	
16일	문장제 서술형 평가	/	

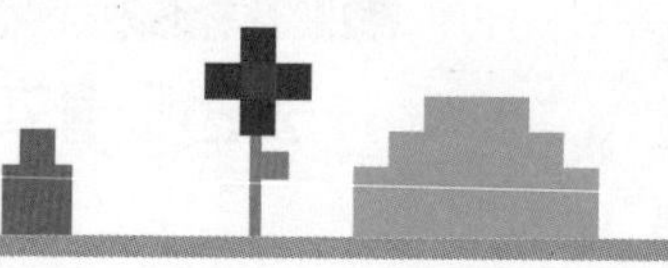

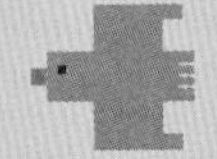

원에서 반지름
또는 지름의 길이를
알아봐.

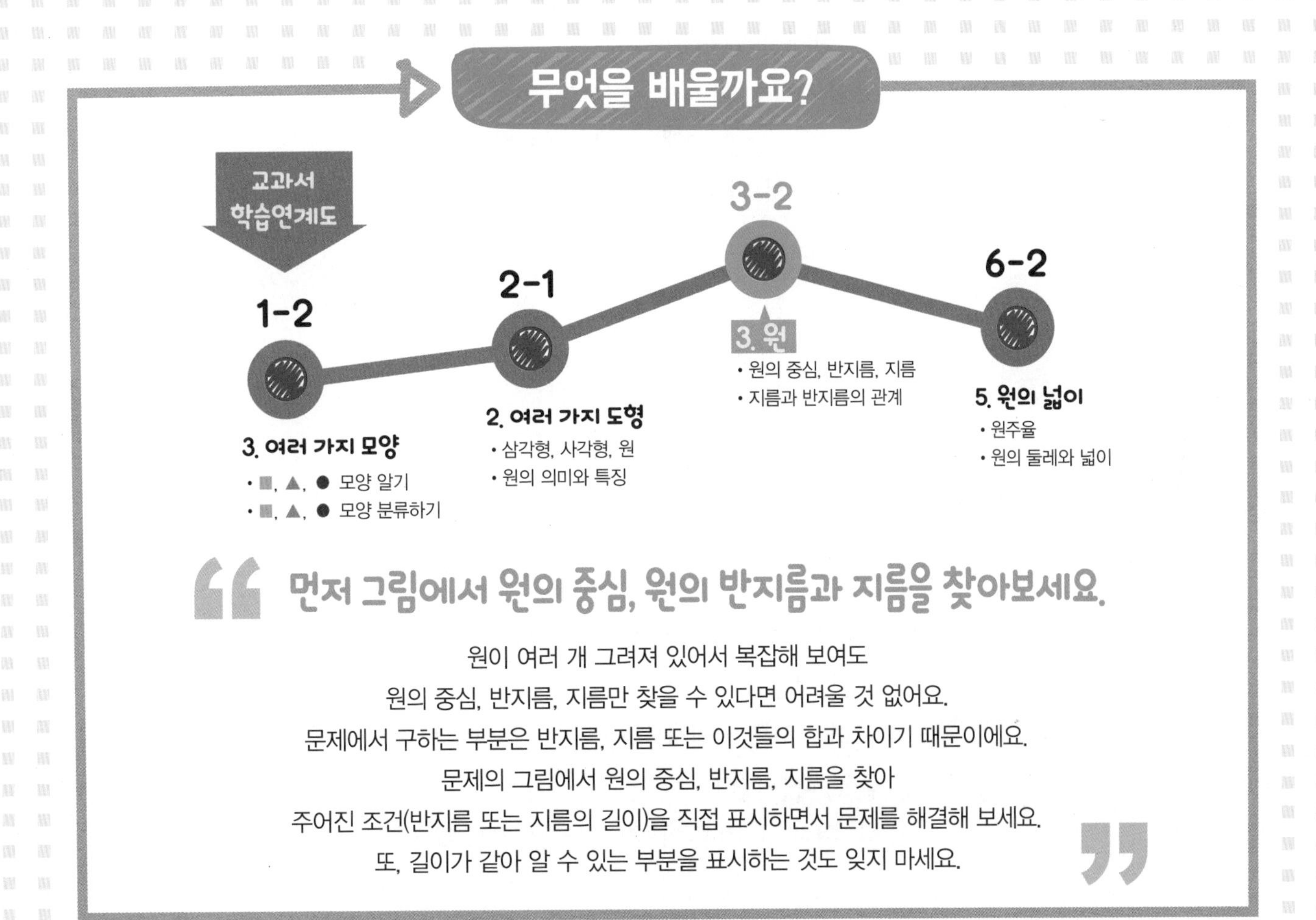

먼저 그림에서 원의 중심, 원의 반지름과 지름을 찾아보세요.

원이 여러 개 그려져 있어서 복잡해 보여도
원의 중심, 반지름, 지름만 찾을 수 있다면 어려울 것 없어요.
문제에서 구하는 부분은 반지름, 지름 또는 이것들의 합과 차이기 때문이에요.
문제의 그림에서 원의 중심, 반지름, 지름을 찾아
주어진 조건(반지름 또는 지름의 길이)을 직접 표시하면서 문제를 해결해 보세요.
또, 길이가 같아 알 수 있는 부분을 표시하는 것도 잊지 마세요.

개념 확인하기

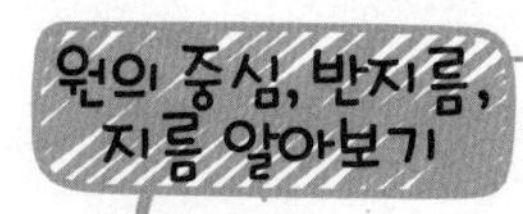

1 ㉠, ㉡, ㉢은 무엇을 나타내는지 쓰세요.

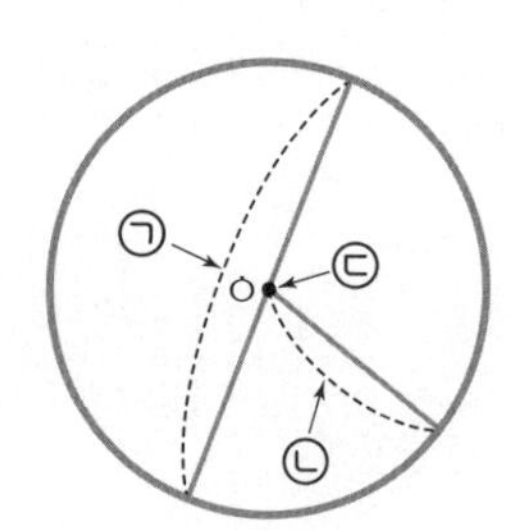

㉠ 원의 ....

㉡ 원의 ....

㉢ 원의 ....

2 원의 반지름에 대해 알아보세요.

(1) 원의 반지름을 3개 그어 보세요.

(2) 한 원에서 반지름은 몇 개 그을 수 있나요?

(1개 , 3개 , 무수히 많이)

(3) 한 원에서 반지름의 길이는 어떤가요?

길이가 모두 (같습니다 , 다릅니다).

3 원의 지름에 대해 알아보세요.

(1) 원의 지름을 1개 그어 보세요.

(2) 지름은 원 안에서 그을 수 있는 가장 (긴 , 짧은) 선분입니다.

(3) 원의 (지름 , 반지름)은 원을 똑같이 둘로 나눕니다.

(4) 한 원에서 지름의 길이는 반지름의 길이의 ....배입니다.

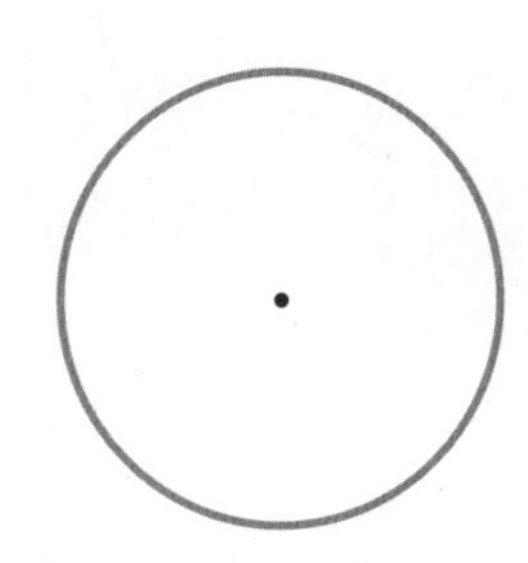

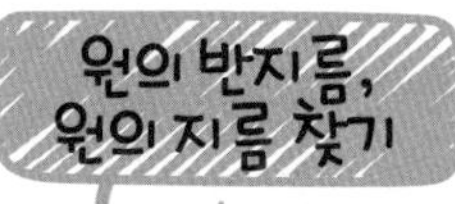

4 그림에서 주어진 선분과 길이가 같은 선분을 찾고, 그 길이를 쓰세요.

(1) 원의 지름은

(선분 ㄱㄹ)=(선분 ....)

=(선분 ....)

=......... cm

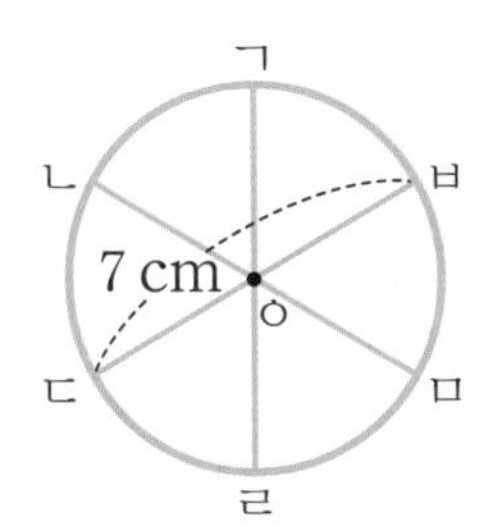

(2) 원의 반지름은

(선분 ㅇㄱ)=(선분 ....)

=(선분 ....)

=......... cm

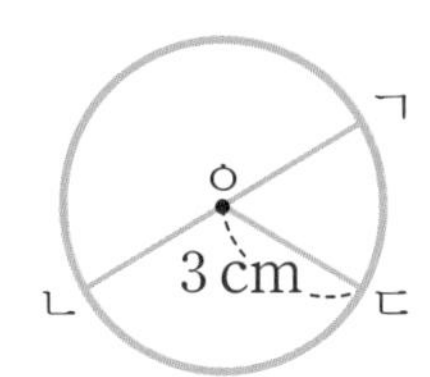

원의 반지름
구하기

5 원의 반지름은 몇 cm일까요?

(1)

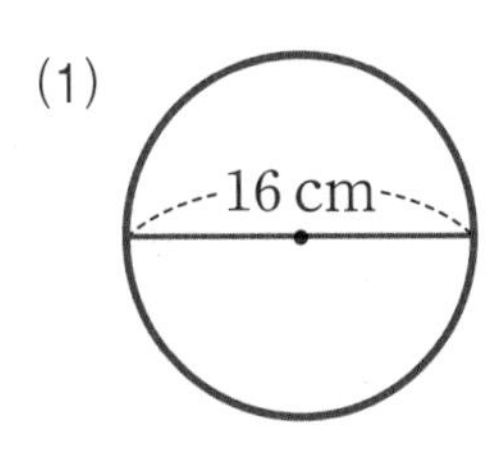

.... cm

(2)

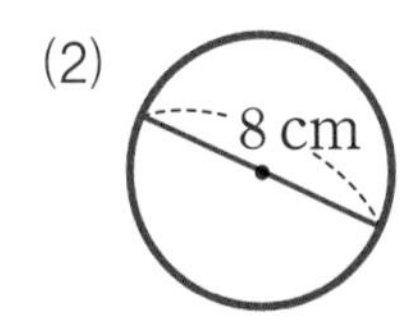

.... cm

6 원의 지름은 몇 cm일까요?

(1)

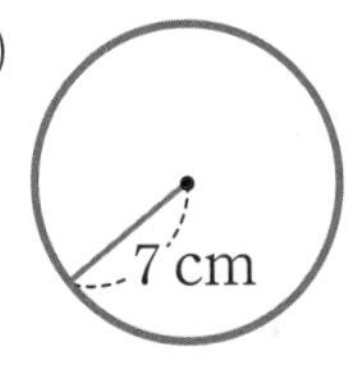

.... cm

(2)

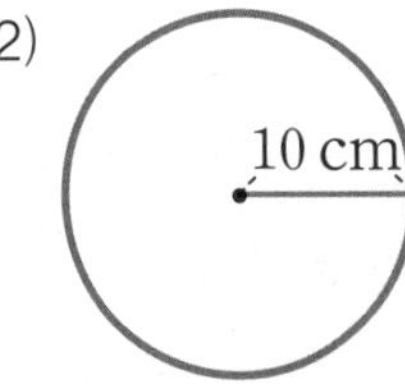

.... cm

14 DAY

원의 반지름 또는 지름 구하기

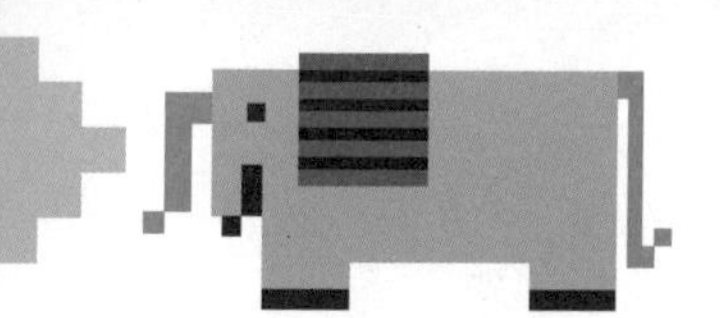

대표 문제

1

점 ㄴ, 점 ㄷ은 원의 중심입니다.
선분 ㄱㄹ의 길이는 몇 cm일까요?

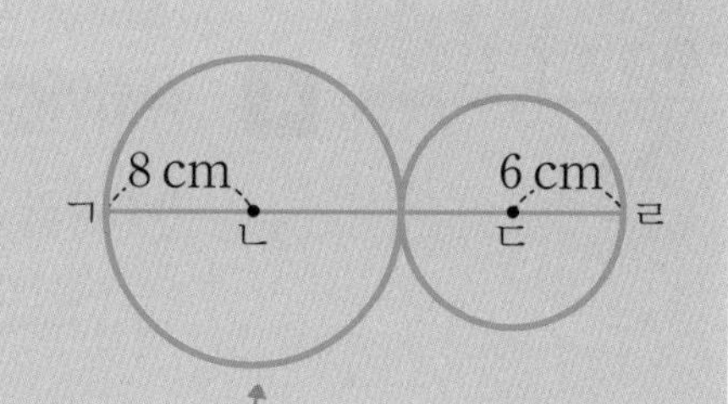

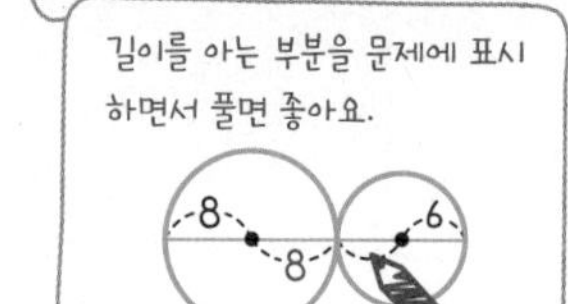

길이를 아는 부분을 문제에 표시
하면서 풀면 좋아요.
8
8
6

문제읽고

❶ 무엇을 구하는 문제인가요? 구하는 것에 밑줄 치세요.

❷ 주어진 것은 무엇인가요? 알맞게 답하세요.

큰 원의 반지름 : .... cm, 작은 원의 반지름 : .... cm

풀이쓰고

❸ 두 원의 지름을 각각 구하세요.

(큰 원의 지름) = (큰 원의 반지름) × .... = ... × .... = ... (cm)

(작은 원의 지름) = (작은 원의 반지름) × .... = ... × .... = ... (cm)

❹ 선분 ㄱㄹ의 길이를 구하세요.

(선분 ㄱㄹ의 길이) = (큰 원의 지름) + (작은 원의 지름)

= .... + ... = ... (cm)

❺ 답을 쓰세요. 선분 ㄱㄹ의 길이는 .... 입니다.

한번 더 OK

2

점 ㄱ, 점 ㄴ은 원의 중심입니다.
선분 ㄱㄷ의 길이는 몇 cm일까요?

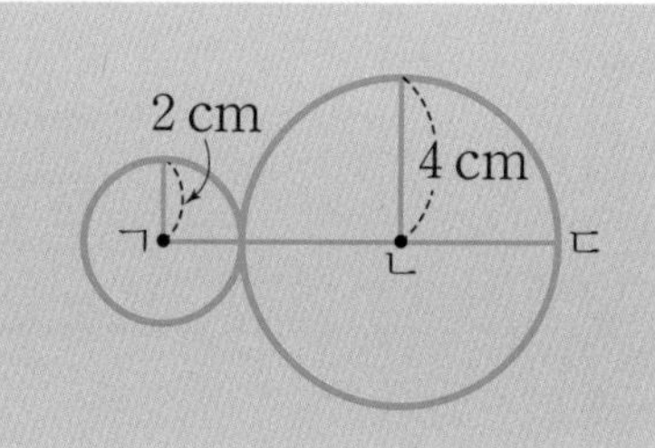

문제읽고

❶ 무엇을 구하는 문제인가요? 구하는 것에 밑줄 치세요.

풀이쓰고

❷ 작은 원의 반지름과 큰 원의 지름을 각각 구하세요.

(작은 원의 반지름) = ... cm, (큰 원의 지름) = ... × .... = ... (cm)

❸ 선분 ㄱㄷ의 길이를 구하세요.

(선분 ㄱㄷ의 길이) = (작은 원의 반지름) + (큰 원의 지름)

= .... + ... = ... (cm)

❹ 답을 쓰세요. 선분 ㄱㄷ의 길이는 .... 입니다.

대표 문제

3

점 ㄱ, 점 ㄴ은 원의 중심입니다.
큰 원의 지름이 12 cm라면
선분 ㄱㄴ의 길이는 몇 cm일까요?

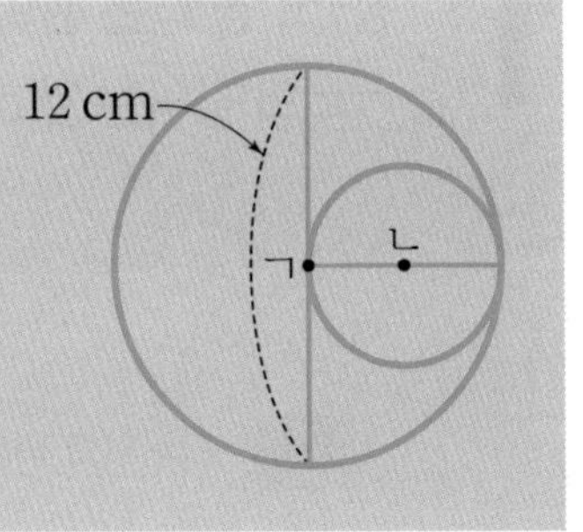

문제읽고

❶ 무엇을 구하는 문제인가요? 구하는 것에 밑줄 치세요.
❷ 주어진 것은 무엇인가요? ○표 하고 답하세요.

큰 원의 지름 : .... cm

풀이쓰고

❸ 선분 ㄱㄴ의 길이를 구하세요.

(작은 원의 지름) = (큰 원의 반지름) = ... ÷ .... = ... (cm)

(선분 ㄱㄴ의 길이) = (작은 원의 반지름) = ... ÷ .... = ... (cm)

❹ 답을 쓰세요. 선분 ㄱㄴ의 길이는 ....입니다.

한번 더 OK

4

점 ㄱ, 점 ㄴ은 원의 중심입니다.
작은 원의 반지름이 5 cm라면
큰 원의 지름은 몇 cm일까요?

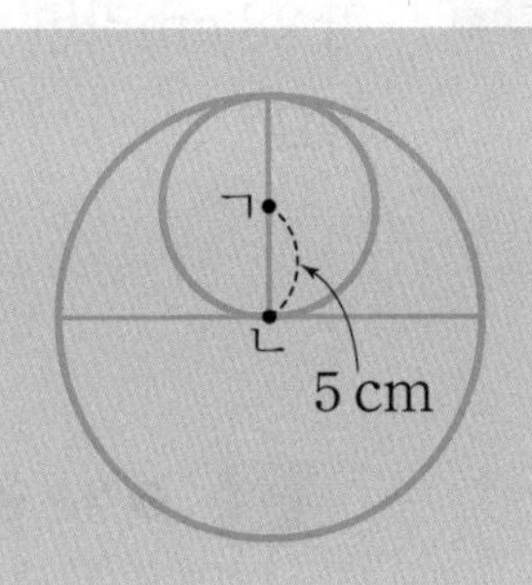

문제읽고

❶ 무엇을 구하는 문제인가요? 구하는 것에 밑줄 치세요.
❷ 주어진 것은 무엇인가요? ○표 하고 답하세요.

작은 원의 반지름 : .... cm

풀이쓰고

❸ 큰 원의 지름을 구하세요.

(큰 원의 반지름) = (작은 원의 지름) = ... × .... = ... (cm)

(큰 원의 지름) = ... × .... = ... (cm)

❹ 답을 쓰세요. 큰 원의 지름은 ....입니다.

문장제 실력쌓기 1

1 점 ㄱ, 점 ㄴ은 원의 중심입니다. 선분 ㄱㄷ의 길이는 몇 cm일까요?

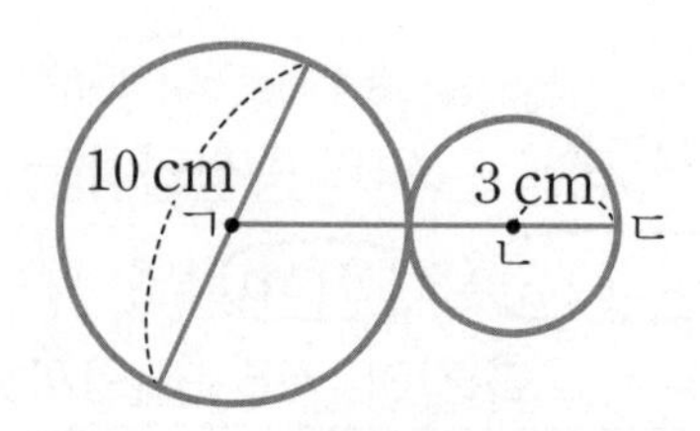

문제읽기 CHECK
- ☐ 구하는 것에 밑줄!
- ☐ 큰 원의 지름은? .... cm
- ☐ 작은 원의 반지름은? .... cm

풀이 (큰 원의 반지름) = ... = ... (cm)

(작은 원의 지름) = ... = ... (cm)

➜ (선분 ㄱㄷ의 길이)

= (큰 원의 ....) + (작은 원의 ....)

= .... + ... = ... (cm)

답 ....

2 점 ㄱ, 점 ㄴ은 원의 중심입니다. 큰 원의 지름이 28 cm라면 선분 ㄱㄴ의 길이는 몇 cm일까요?

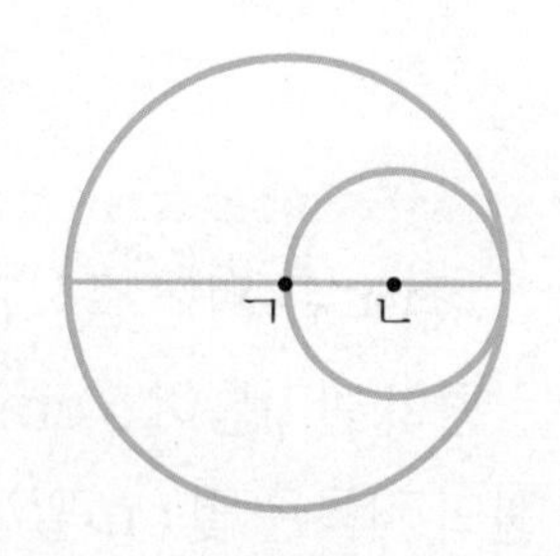

문제읽기 CHECK
- ☐ 구하는 것에 밑줄, 주어진 것에 ○표!
- ☐ 큰 원의 지름은? .... cm

풀이 ❶ 작은 원의 지름을 구하세요.

❷ 선분 ㄱㄴ의 길이를 구하세요.

답 ....

3

점 ㅇ은 원의 중심입니다. 큰 원의 반지름은 몇 cm일까요?

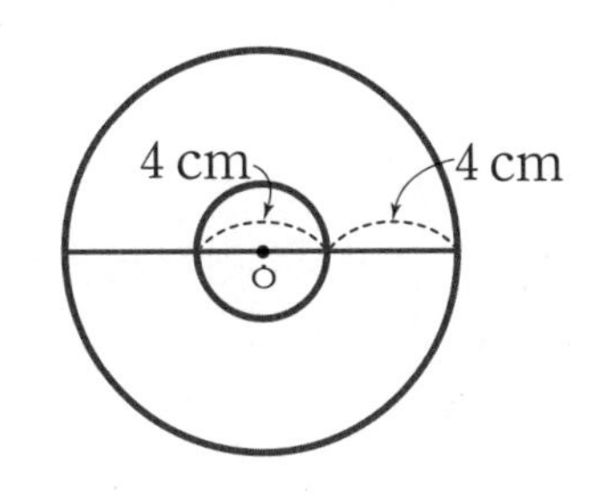

문제읽기 CHECK

- ☐ 구하는 것에 밑줄!
- ☐ 작은 원의 지름은? ………… cm
- ☐ 큰 원의 반지름은? 작은 원의 반지름보다 ………… cm 더 길다.

풀이 ❶ 작은 원의 반지름을 구하세요.

❷ 큰 원의 반지름을 구하세요.

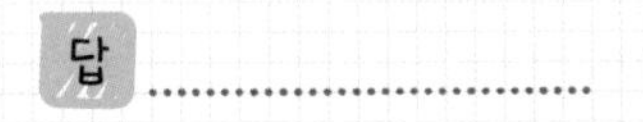
답 ……………………………

4

반지름이 각각 3 cm, 5 cm, 7 cm인 원 3개를 원의 중심을 지나도록 겹쳐서 그렸습니다. 선분 ㄱㄴ의 길이는 몇 cm일까요?

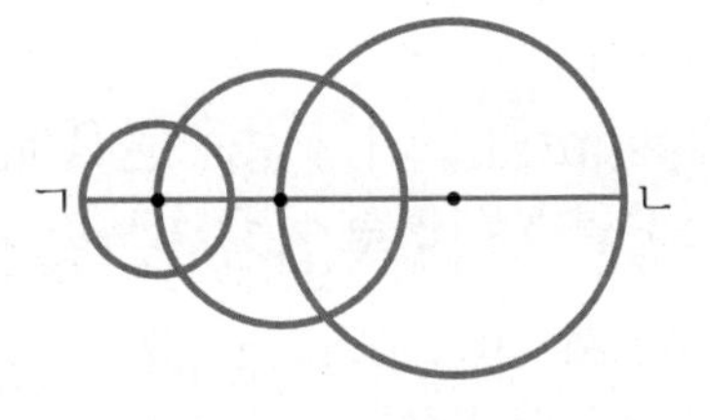

문제읽기 CHECK

- ☐ 구하는 것에 밑줄, 주어진 것에 ○표!
- ☐ 그림에 반지름을 각각 써넣으면?

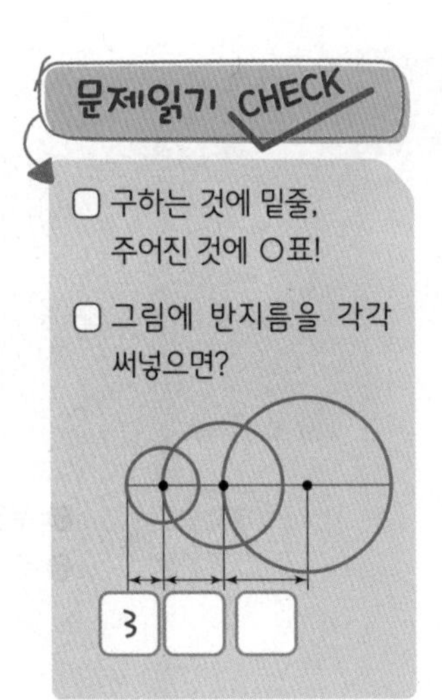

풀이 ❶ 가장 큰 원의 지름을 구하세요.

❷ 선분 ㄱㄴ의 길이를 구하세요.

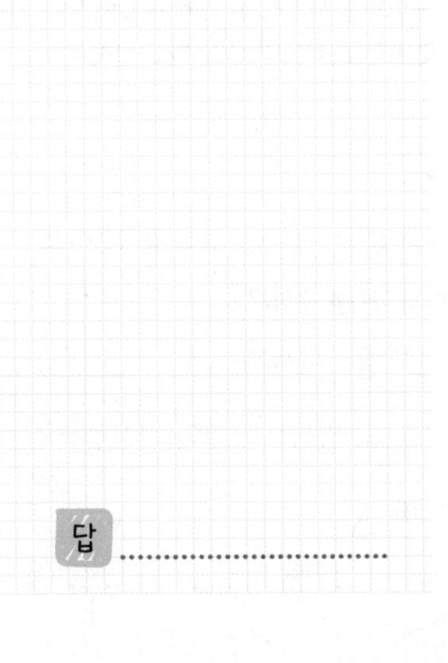
답 ……………………………

15 DAY

선분, 변의 길이 구하기

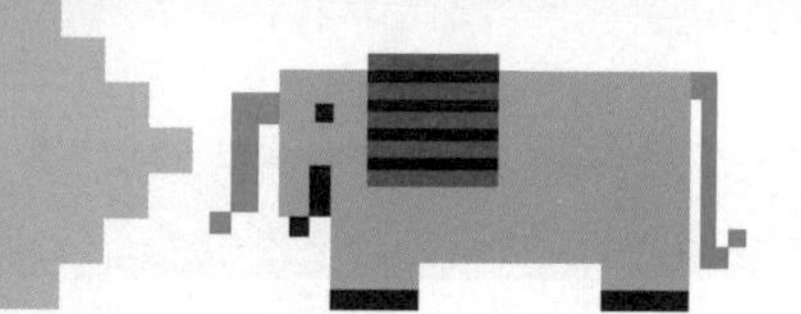

대표 문제

1

반지름이 8 cm인 크기가 같은 원 3개를 원의 중심을 지나도록 겹쳐서 그렸습니다. 선분 ㄱㄴ의 길이는 몇 cm일까요?

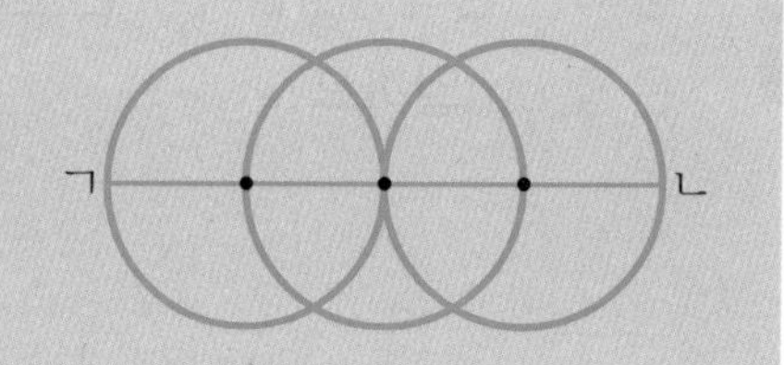

문제읽고

❶ 무엇을 구하는 문제인가요? 구하는 것에 밑줄 치세요.

❷ 주어진 것은 무엇인가요? ○표 하고 답하세요.

원의 반지름 .... cm를 그림에 나타냅니다. ➔

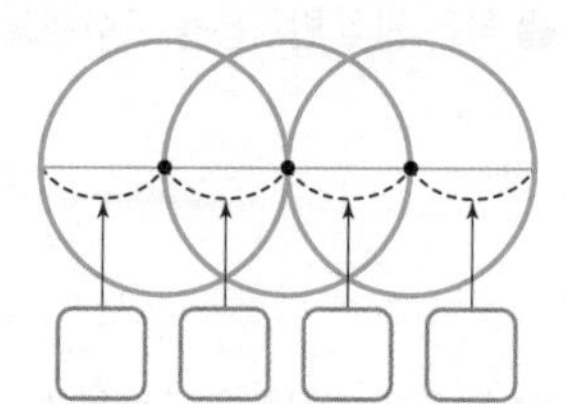

풀이쓰고

❸ 선분 ㄱㄴ의 길이는 원의 반지름의 몇 배인가요? ....배

❹ 선분 ㄱㄴ의 길이를 구하세요.

(선분 ㄱㄴ의 길이) = (원의 반지름) × .... = ... × .... = ... (cm)

❺ 답을 쓰세요.

선분 ㄱㄴ의 길이는 ....입니다.

한번 더 OK

2

지름이 8 cm인 크기가 같은 원 2개를 원의 중심을 지나도록 겹쳐서 그렸습니다. 선분 ㄱㄴ의 길이는 몇 cm일까요?

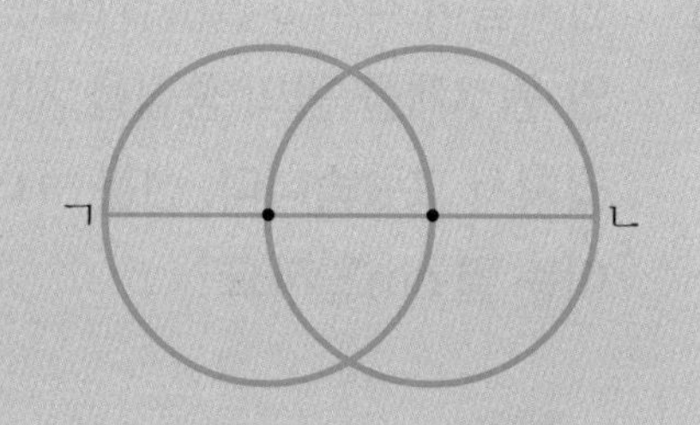

문제읽고

❶ 무엇을 구하는 문제인가요? 구하는 것에 밑줄 치세요.

❷ 주어진 것은 무엇인가요? ○표 하고 답하세요.

원의 지름 : .... cm

풀이쓰고

❸ 선분 ㄱㄴ의 길이는 원의 반지름의 몇 배인가요? ....배

❹ 선분 ㄱㄴ의 길이를 구하세요.

(원의 반지름) = (원의 지름) ÷ .... = ... ÷ .... = ... (cm)

(선분 ㄱㄴ의 길이) = (원의 반지름) × .... = ... × .... = ... (cm)

❺ 답을 쓰세요.

선분 ㄱㄴ의 길이는 ....입니다.

대표 문제

3

정사각형 안에
반지름이 7 cm인 원을 꼭 맞게 그렸습니다.
정사각형의 한 변의 길이는 몇 cm일까요?

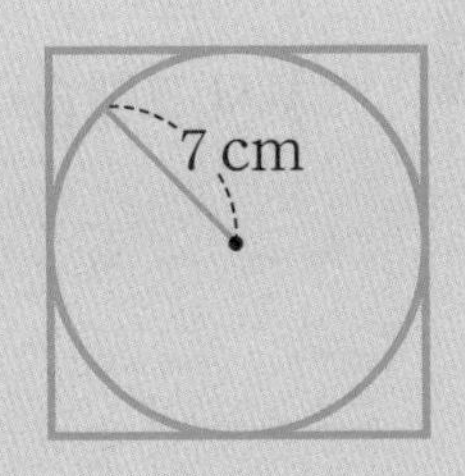

문제읽고

❶ 무엇을 구하는 문제인가요? 구하는 것에 밑줄 치세요.

❷ 주어진 것은 무엇인가요? ○표 하고 답하세요.

원의 반지름 .... cm를 그림에 나타냅니다. ➔

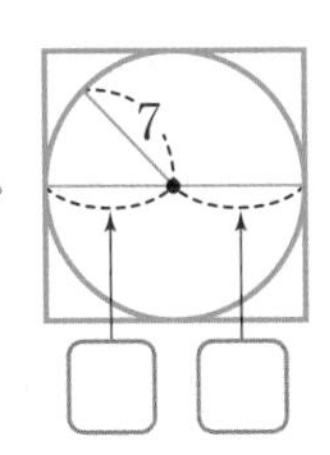

풀이쓰고

❸ 정사각형의 한 변의 길이를 구하세요.

정사각형의 한 변의 길이는 원의 (**반지름** , **지름**)과 같습니다.

(원의 지름) = ... × .... = ... (cm)

❹ 답을 쓰세요. 정사각형의 한 변의 길이는 ....입니다.

한단계 UP

4

반지름이 5 cm인 크기가 같은 원 2개를
원의 중심을 지나도록 겹쳐서 그렸습니다.
사각형 ㄱㄴㄷㄹ의 네 변의 길이의 합은
몇 cm일까요?
(점 ㄱ, 점 ㄷ은 두 원이 만나는 점이고, 점 ㄴ, 점 ㄹ은 원의 중심입니다.)

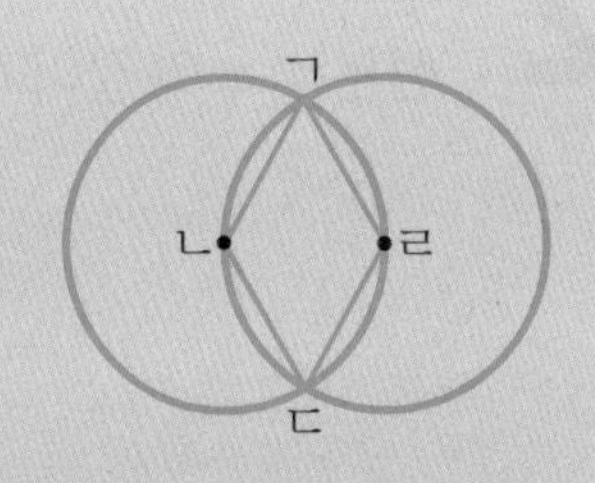

문제읽고

❶ 무엇을 구하는 문제인가요? 구하는 것에 밑줄 치세요.

❷ 주어진 것은 무엇인가요? ○표 하고 답하세요.

원의 반지름 : .... cm

풀이쓰고

❸ 사각형 ㄱㄴㄷㄹ의 네 변의 길이를 구하세요.

변 ㄱㄴ, 변 ㄴㄷ, 변 ㄷㄹ, 변 ㄱㄹ은
모두 원의 (**반지름** , **지름**)이므로 길이가 .... cm입니다.

❹ 사각형 ㄱㄴㄷㄹ의 네 변의 길이의 합을 구하세요.

(네 변의 길이의 합) = ... (+ , ×) .... = ... (cm)

❺ 답을 쓰세요. 사각형 ㄱㄴㄷㄹ의 네 변의 길이의 합은 .... 입니다.

1 반지름이 3 cm인 크기가 같은 원 4개를 원의 중심을 지나도록 겹쳐서 그렸습니다. 선분 ㄱㄴ의 길이는 몇 cm일까요?

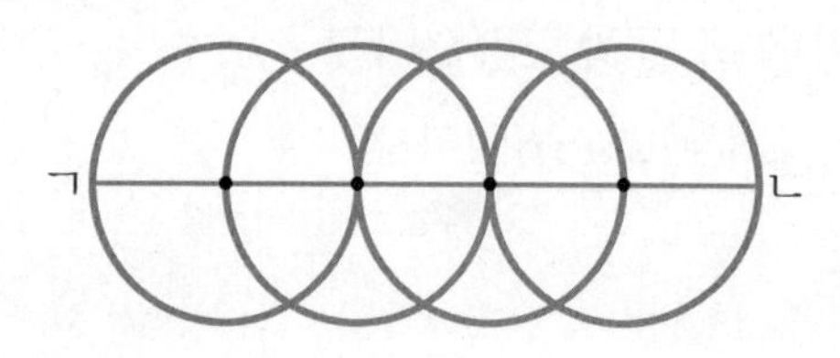

풀이 ❶ 선분 ㄱㄴ의 길이는 원의 반지름의 ....배입니다.

❷ (선분 ㄱㄴ의 길이) = (원의 반지름) × ....

= .... = ... (cm)

답 ....

문제읽기 CHECK
- ☐ 구하는 것에 밑줄, 주어진 것에 ○표!
- ☐ 겹쳐서 그린 원의 수는? .... 개
- ☐ 원의 반지름은? .... cm

2 크기가 같은 원 3개를 원의 중심을 지나도록 겹쳐서 그렸습니다. 선분 ㄱㄴ의 길이가 40 cm라면, 원의 반지름은 몇 cm일까요?

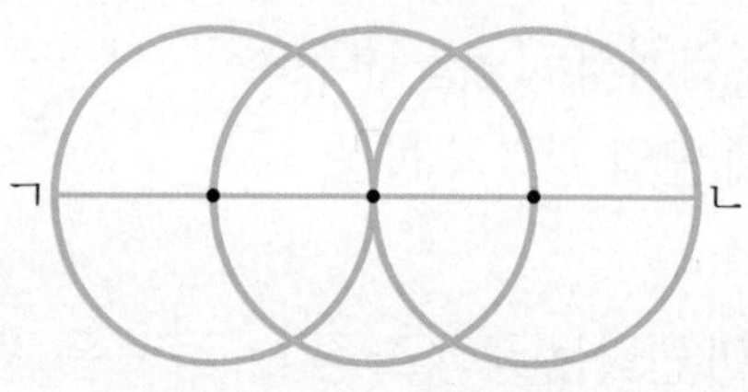

풀이 ❶ 선분 ㄱㄴ의 길이는 원의 반지름의 몇 배인가요?

❷ 원의 반지름을 구하세요.

답 ....

문제읽기 CHECK
- ☐ 구하는 것에 밑줄, 주어진 것에 ○표!
- ☐ 겹쳐서 그린 원의 수는? .... 개
- ☐ 선분 ㄱㄴ의 길이는? .... cm

3

직사각형 안에 반지름이 6 cm인 크기가 같은 원 2개를 꼭 맞게 그렸습니다. 직사각형의 가로와 세로의 길이를 각각 구하세요.

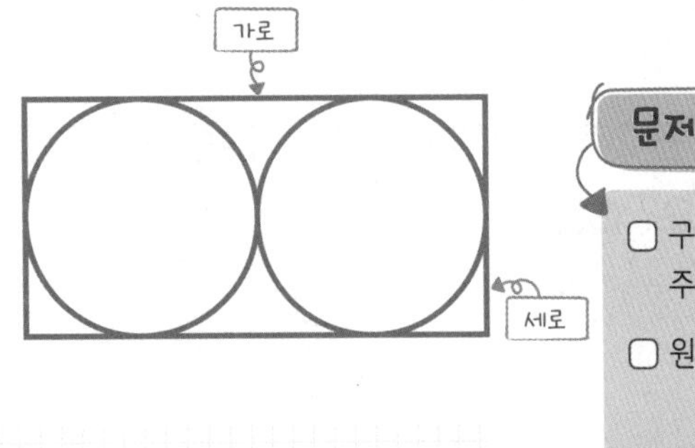

- ☐ 구하는 것에 밑줄, 주어진 것에 ○표!
- ☐ 원의 반지름은? .... cm
- ☐ 직사각형 안에 꼭 맞게 그린 원의 수는? .... 개

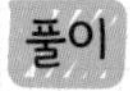
풀이 ❶ 직사각형의 세로의 길이를 구하세요.

❷ 직사각형의 가로의 길이를 구하세요.

답 가로 : , 세로 :

4

도전!

반지름이 4 cm인 크기가 같은 원 3개를 서로 이어 붙여서 그린 후, 세 원의 중심을 이어 삼각형을 그렸습니다. 삼각형 ㄱㄴㄷ의 세 변의 길이의 합은 몇 cm일까요?

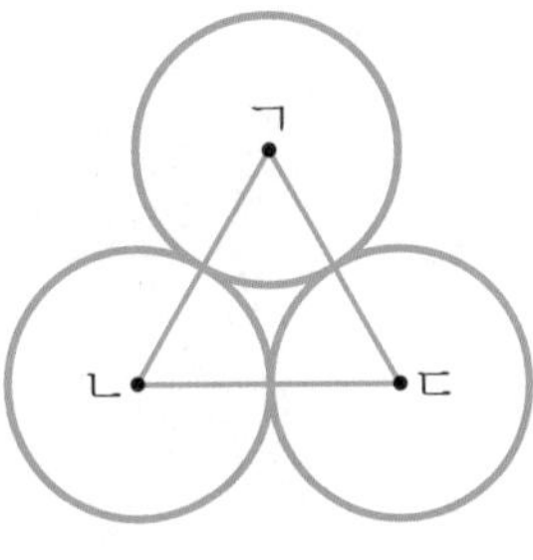

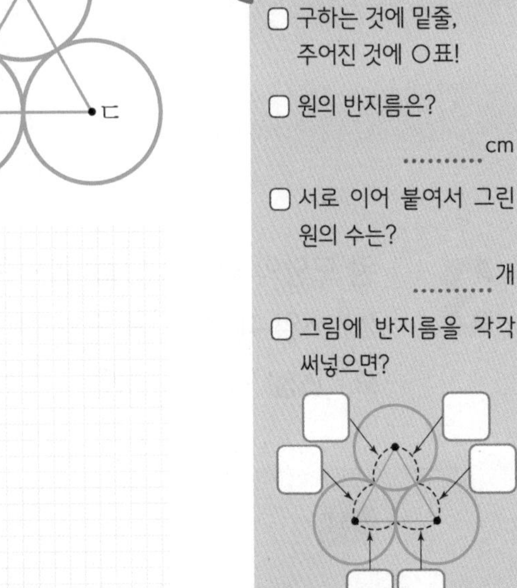

- ☐ 구하는 것에 밑줄, 주어진 것에 ○표!
- ☐ 원의 반지름은? .... cm
- ☐ 서로 이어 붙여서 그린 원의 수는? .... 개
- ☐ 그림에 반지름을 각각 써넣으면?

풀이 ❶ 삼각형의 한 변의 길이를 구하세요.

❷ 삼각형 ㄱㄴㄷ의 세 변의 길이의 합을 구하세요.

답 ....

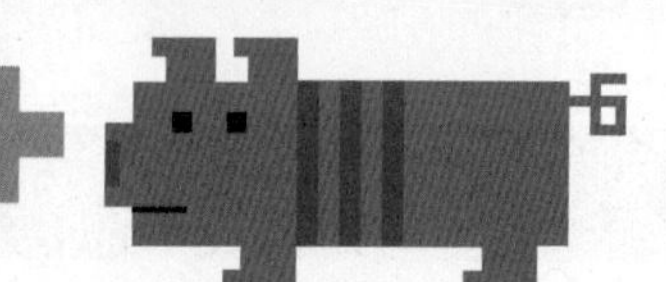

16 DAY

문장제 서술형 평가

1 작은 원 2개의 크기는 같습니다. 큰 원의 지름은 몇 cm일까요? **(5점)**

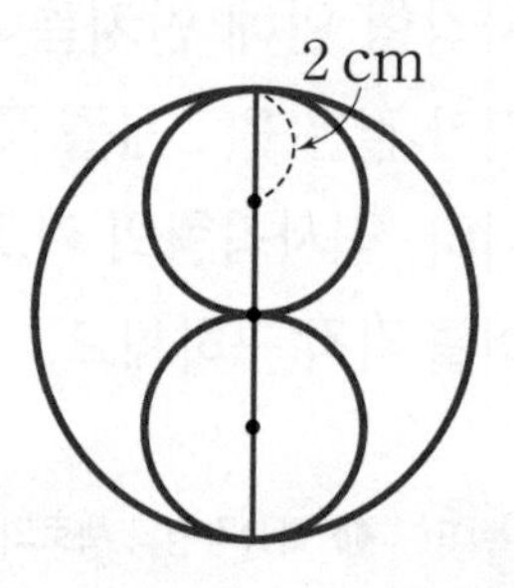

풀이

답 ....

2 한 변의 길이가 12 cm인 정사각형 안에 원을 꼭 맞게 그렸습니다. 원의 반지름은 몇 cm일까요? **(5점)**

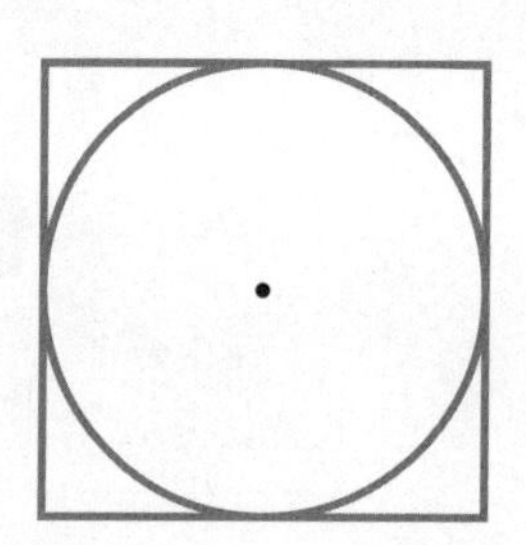

풀이

답 ....

3 원 모양의 화단이 있습니다. 큰 원 모양 화단의 지름이 20 m일 때 작은 원 모양 화단의 반지름은 몇 m일까요? **(5점)**

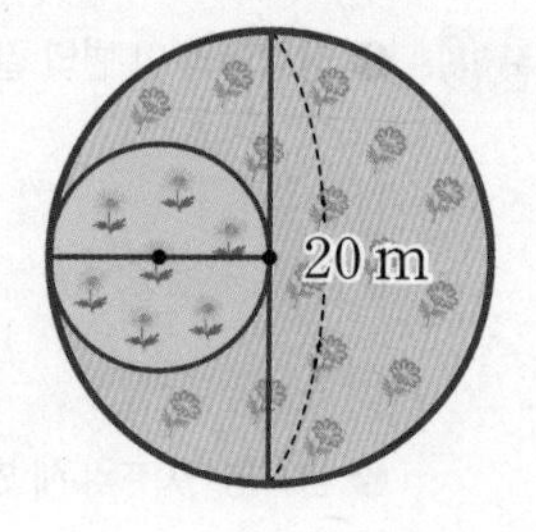

풀이

답 ....

4

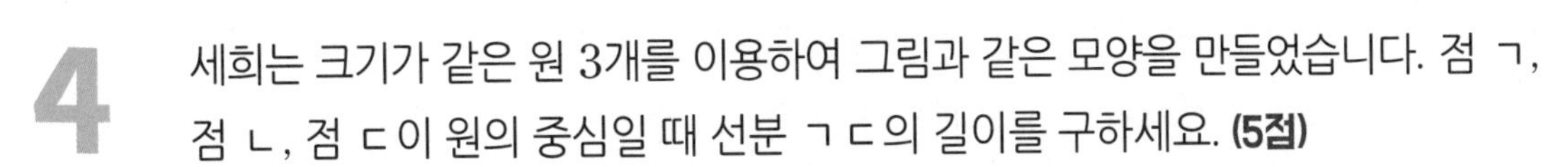
세희는 크기가 같은 원 3개를 이용하여 그림과 같은 모양을 만들었습니다. 점 ㄱ, 점 ㄴ, 점 ㄷ이 원의 중심일 때 선분 ㄱㄷ의 길이를 구하세요. **(5점)**

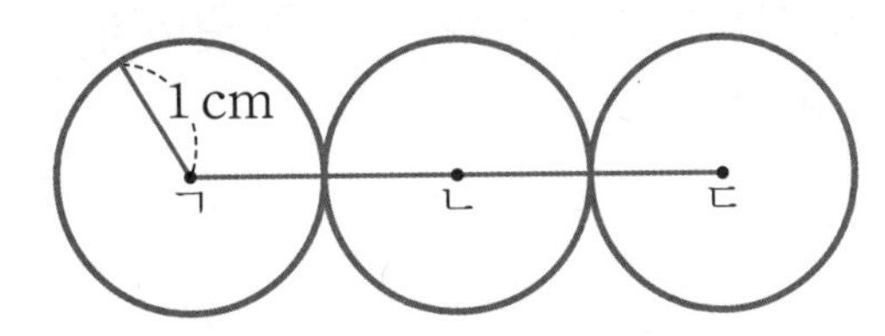

풀이

5

지름이 10 cm인 크기가 같은 원 4개를 원의 중심을 지나도록 겹쳐서 그렸습니다. 선분 ㄱㄴ의 길이는 몇 cm일까요? **(6점)**

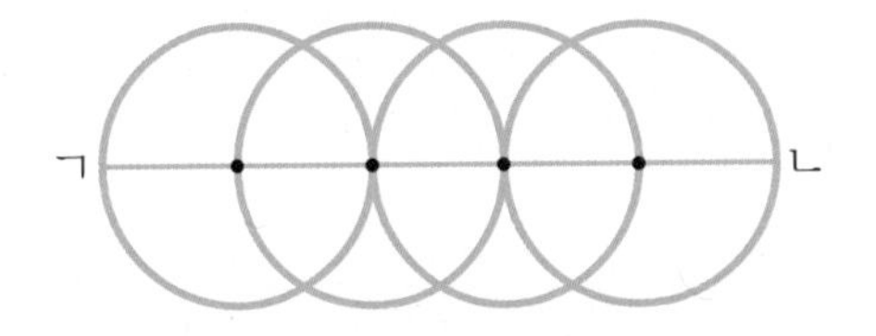

풀이

6

반지름이 각각 2 cm, 3 cm인 원을 원의 중심을 지나도록 겹쳐서 그렸습니다. 선분 ㄱㄹ의 길이는 몇 cm일까요? **(7점)**

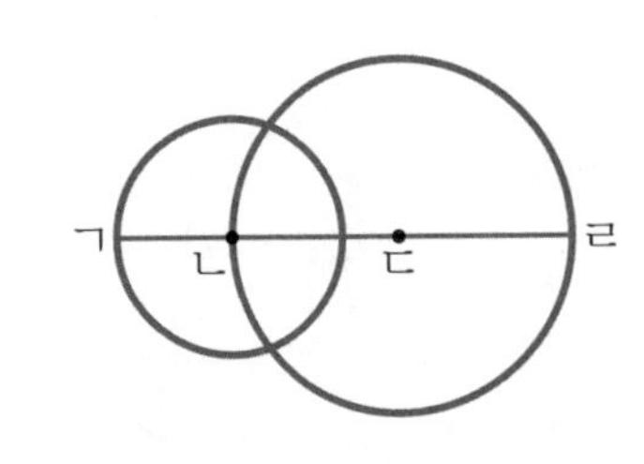

풀이

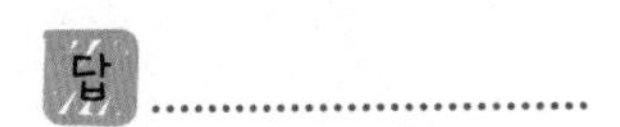

7 반지름이 7 cm인 크기가 같은 원 3개를 원의 중심을 지나도록 겹쳐서 그렸습니다. 점 ㄱ, 점 ㄴ, 점 ㄷ이 원의 중심일 때 삼각형 ㄱㄴㄷ의 세 변의 길이의 합을 구하세요. **(7점)**

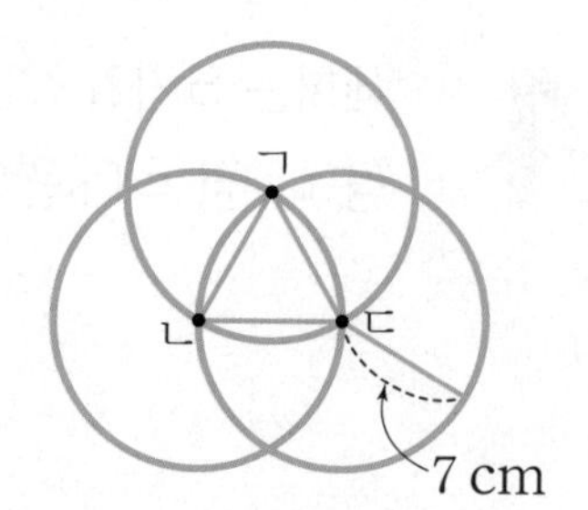

풀이

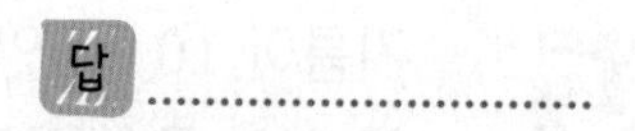

8 직사각형 안에 크기가 같은 원 3개를 맞닿게 그렸습니다. 직사각형의 네 변의 길이의 합은 몇 cm일까요? **(8점)**

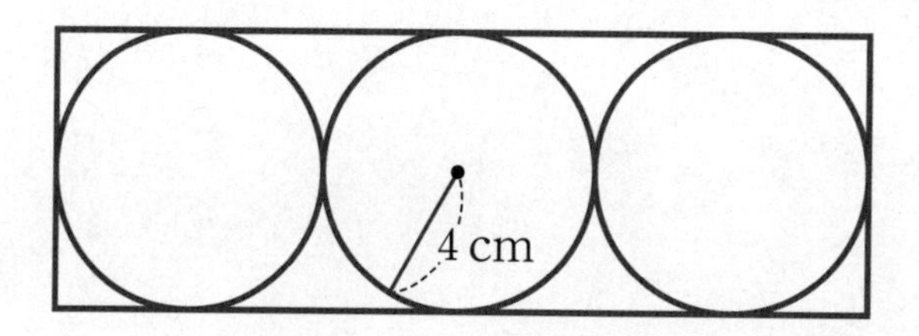

풀이

답

즐거운 카멜레온 쇼

다른 부분 8군데를 찾아 ○표 해 주세요.

〈카멜레온 쇼〉 초대장이 도착했어요!
앗, 그런데 두 초대장이 살짝 달라요.
카멜레온이 초대장을 만들다가 졸았나 봐요.
달라진 곳을 찾아 카멜레온에게 알려 주세요.

4 분수

어떻게 공부할까요?

계획대로 공부했나요? 스스로 평가하여 알맞은 표정에 색칠하세요.

교재 날짜	공부할 내용	공부한 날짜	스스로 평가
17일	개념 확인하기	/	
18일	분수로 나타내기	/	
19일	분수만큼 구하기	/	
20일	분수의 크기 비교	/	
21일	분수 만들기	/	
22일	문장제 서술형 평가	/	

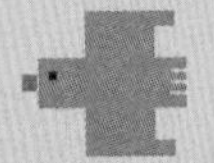

철사 50 cm의 $\frac{3}{5}$은 몇 cm일까?

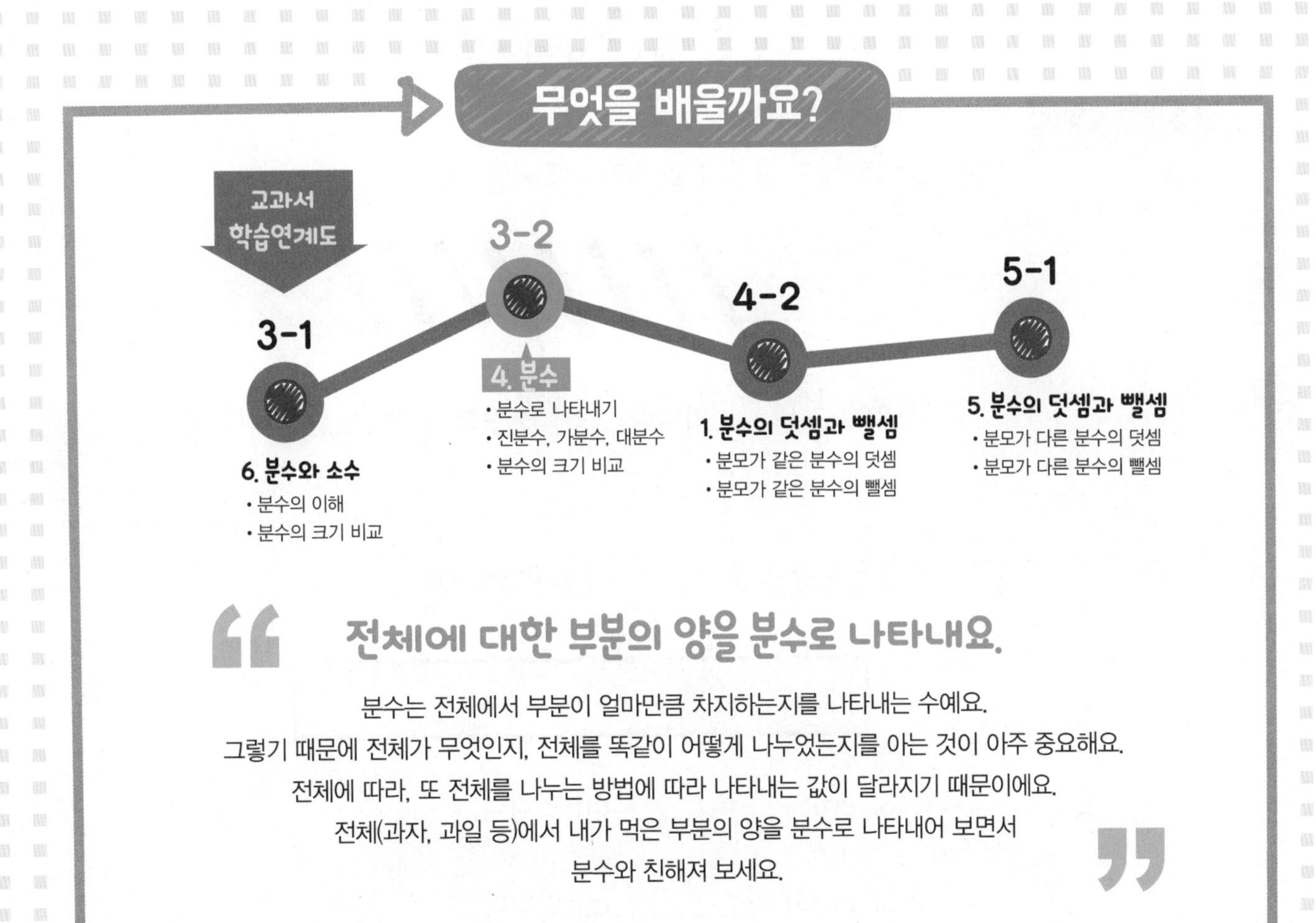

전체에 대한 부분의 양을 분수로 나타내요.

분수는 전체에서 부분이 얼마만큼 차지하는지를 나타내는 수예요.
그렇기 때문에 전체가 무엇인지, 전체를 똑같이 어떻게 나누었는지를 아는 것이 아주 중요해요.
전체에 따라, 또 전체를 나누는 방법에 따라 나타내는 값이 달라지기 때문이에요.
전체(과자, 과일 등)에서 내가 먹은 부분의 양을 분수로 나타내어 보면서
분수와 친해져 보세요.

17 DAY

개념 확인하기

분수로 나타내기

1 그림을 3개씩 묶고, 빈 곳에 알맞은 수를 써넣으세요.

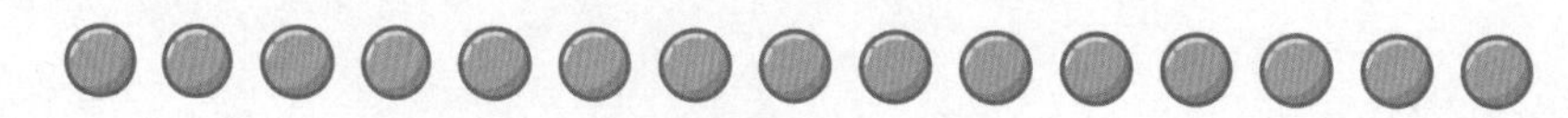

(1) 15를 3씩 묶으면 .... 묶음이 됩니다.

(2) 3은 15의 $\frac{\square}{\square}$입니다.　　(3) 6은 15의 $\frac{\square}{\square}$입니다.

(4) 9는 15의 $\frac{\square}{\square}$입니다.　　(5) 12는 15의 $\frac{\square}{\square}$입니다.

분수만큼 구하기

2 그림을 보고 빈 곳에 알맞은 수를 써넣으세요.

(1) 8의 $\frac{1}{4}$은 .... 입니다.　　(2) 8의 $\frac{3}{4}$은 .... 입니다.

3 그림을 보고 빈 곳에 알맞은 수를 써넣으세요.

0　5　10　15　20　25　30　35 (cm)

(1) 35 cm의 $\frac{1}{7}$은 .... cm입니다.

(2) 35 cm의 $\frac{3}{7}$은 .... cm입니다.

4 진분수는 '진', 가분수는 '가'를 쓰세요.

(1) $\frac{4}{5}$ → ....　　(2) $\frac{3}{3}$ → ....

(3) $\frac{1}{2}$ → ....　　(4) $\frac{9}{8}$ → ....

대분수 → 가분수
가분수 → 대분수

5 대분수는 가분수로, 가분수는 대분수로 나타내세요.

(1)

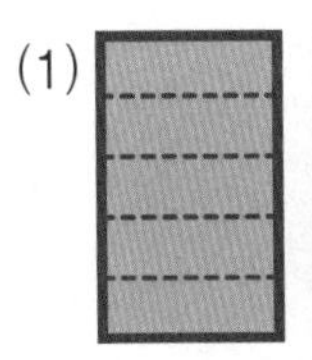

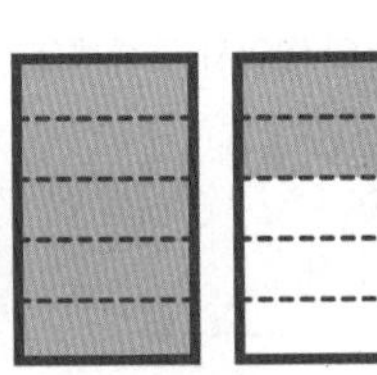

$2\frac{2}{5}=\frac{\square}{\square}$

(2)

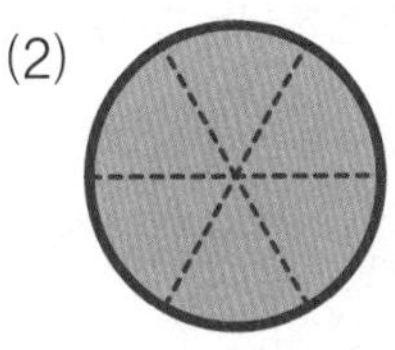

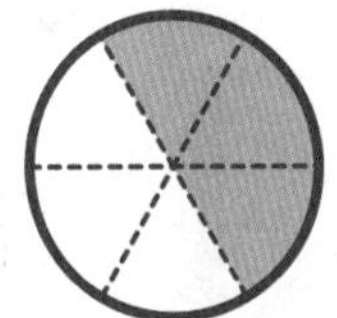

$\frac{9}{6}=\square\frac{\square}{\square}$

(3) $1\frac{5}{6}=\frac{\square}{\square}$　　(4) $3\frac{1}{3}=\frac{\square}{\square}$

(5) $\frac{7}{4}=\square\frac{\square}{\square}$　　(6) $\frac{19}{8}=\square\frac{\square}{\square}$

분수의 크기 비교

6 분수의 크기를 비교하여 ○ 안에 >, =, <를 알맞게 써넣으세요.

(1) $\frac{11}{7}$ ○ $\frac{15}{7}$　　(2) $1\frac{4}{5}$ ○ $2\frac{1}{5}$

(3) $3\frac{5}{9}$ ○ $3\frac{2}{9}$　　(4) $2\frac{2}{3}$ ○ $\frac{7}{3}$

분수로 나타내기

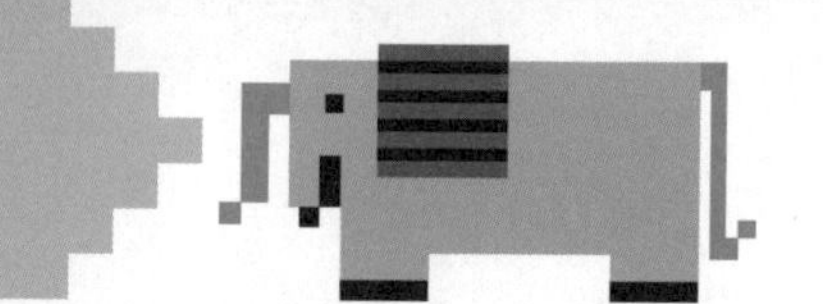

대표 문제 1

16명의 학생들이 2명씩 한 팀이 되어 놀이를 하려고 합니다.
한 팀에 있는 학생은 전체의 몇 분의 몇일까요?

문제읽고

❶ 구하는 것에 밑줄 치고, 주어진 것에 ○표 하세요.

❷ 학생 16명을 2명씩 묶어 보세요.

풀이쓰고

❸ 한 팀에 있는 학생은 전체의 몇 분의 몇인지 구하세요.

16명을 2명씩 묶으면 .... 팀이 됩니다.

.... 팀 중에서 한 팀은 전체의 .... 입니다.

❹ 답을 쓰세요.

한 팀에 있는 학생은 전체의 .... 입니다.

한번 더 OK 2

초콜릿 35개를 한 상자에 7개씩 넣어 포장하려고 합니다.
한 상자에 넣은 초콜릿은 전체의 몇 분의 몇일까요?

문제읽고

❶ 구하는 것에 밑줄 치고, 주어진 것에 ○표 하세요.

풀이쓰고

❷ 한 상자에 넣은 초콜릿은 전체의 몇 분의 몇인지 구하세요.

35개를 7개씩 넣으면 .... 상자가 됩니다.

.... 상자 중에서 한 상자는 전체의 .... 입니다.

❸ 답을 쓰세요.

한 상자에 넣은 초콜릿은 전체의 .... 입니다.

대표 문제 3

수수깡 12개를 3개씩 묶은 것 중에서 9개를 사용하였습니다.
사용한 수수깡은 전체의 몇 분의 몇일까요?

문제읽고

❶ 구하는 것에 밑줄 치고, 주어진 것에 ○표 하세요.

❷ 수수깡 12개를 3개씩 묶어 보세요.

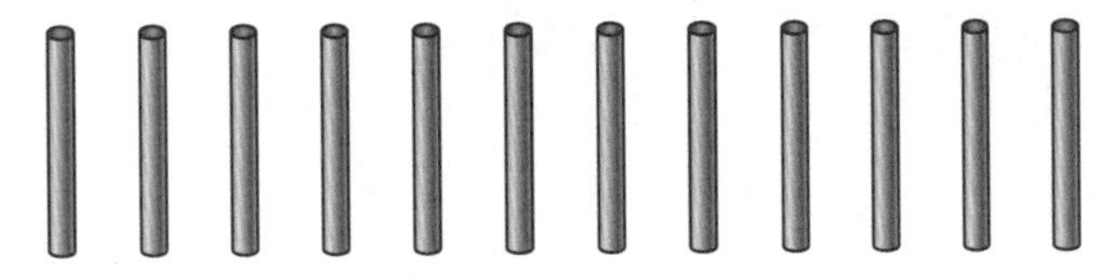

풀이쓰고

❸ 사용한 수수깡은 전체의 몇 분의 몇인지 구하세요.

12개를 3개씩 묶으면 ....묶음이 됩니다.

3개는 4묶음 중에서 1묶음이므로 전체의 .... 이고,

9개는 4묶음 중에서 ....묶음이므로 전체의 .... 입니다.

❹ 답을 쓰세요.

사용한 수수깡은 전체의 .... 입니다.

한번 더 OK 4

L는 들이 단위로 '리터'라고 읽어요.

물 24 L를 4 L씩 컵에 나누어 16 L를 사용하였습니다.
사용한 물은 전체의 몇 분의 몇일까요?

문제읽고

❶ 구하는 것에 밑줄 치고, 주어진 것에 ○표 하세요.

풀이쓰고

❷ 사용한 물은 전체의 몇 분의 몇인지 구하세요.

24 L를 4 L씩 나누면 ....컵이 됩니다.

4 L는 ....컵 중에서 1컵이므로 전체의 .... 이고,

16 L는 ....컵 중에서 ....컵이므로 전체의 .... 입니다.

❸ 답을 쓰세요.

사용한 물은 전체의 .... 입니다.

1

사탕 48개를 한 접시에 8개씩 놓았습니다. 한 접시에 놓은 사탕은 전체의 몇 분의 몇일까요?

풀이 ❶ 48개를 8개씩 놓으면 ....접시가 됩니다.

❷ ....접시 중에서 한 접시는 전체의 .... 이므로

한 접시에 놓은 사탕은 전체의 .... 입니다.

답 ....

문제읽기 CHECK

- ☐ 구하는 것에 밑줄, 주어진 것에 ○표!
- ☐ 전체 사탕 수는? ....개
- ☐ 한 접시에 놓은 사탕 수는? ....개

2

풍선 21개를 3개씩 묶은 것 중에서 12개를 교실을 장식하는 데 사용하였습니다. 사용한 풍선은 전체의 몇 분의 몇일까요?

풀이 ❶ 풍선 21개를 3개씩 묶으면 ....묶음이 됩니다.

❷ 3개는 7묶음 중에서 ....묶음이므로 전체의 .... 이고,

12개는 7묶음 중에서 ....묶음이므로 전체의 .... 입니다.

답 ....

문제읽기 CHECK

- ☐ 구하는 것에 밑줄, 주어진 것에 ○표!
- ☐ 전체 풍선 수는? ....개
- ☐ 풍선을 묶은 방법은? ....개씩
- ☐ 장식하는 데 사용한 풍선 수는? ....개

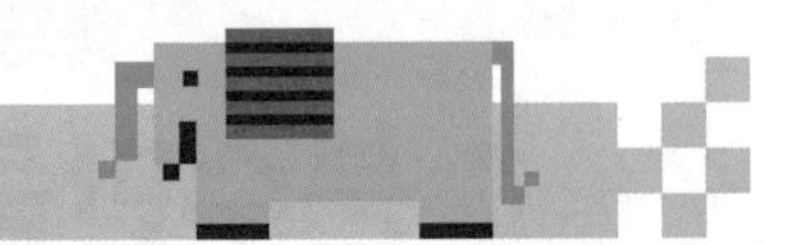

3 책을 40권 샀습니다. 같은 종류끼리 책을 5권씩 묶었더니 동화책은 25권이었습니다. 동화책은 전체의 몇 분의 몇일까요?

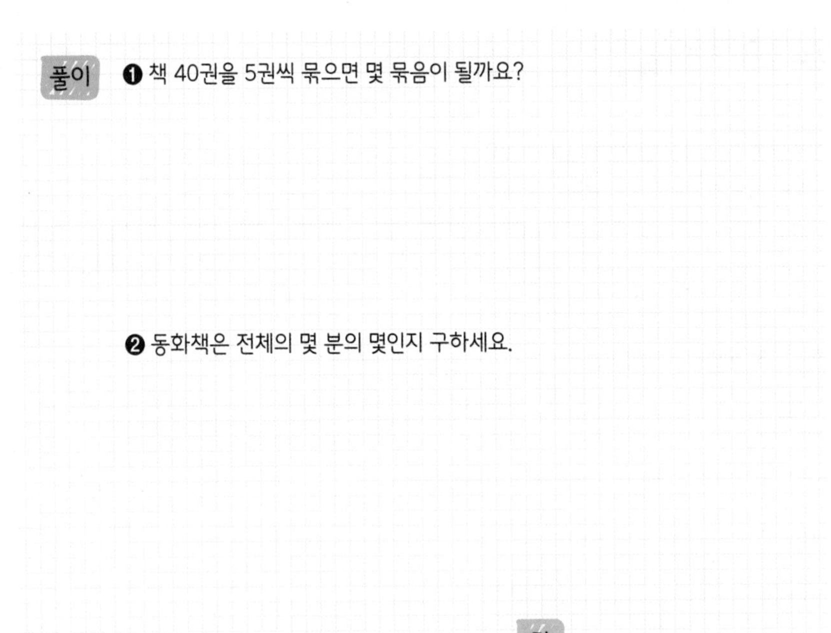

풀이 ❶ 책 40권을 5권씩 묶으면 몇 묶음이 될까요?

❷ 동화책은 전체의 몇 분의 몇인지 구하세요.

답 ....

문제읽기 CHECK

- ☐ 구하는 것에 밑줄, 주어진 것에 ○표!
- ☐ 전체 책 수는? ....권
- ☐ 책을 묶은 방법은? 같은 종류끼리 ....권씩
- ☐ 동화책 수는? ....권

도전!

4 길이가 54 cm인 리본 끈을 6 cm마다 나누어 표시하고 42 cm를 사용하였습니다. 남은 리본은 전체의 몇 분의 몇일까요?

풀이 ❶ 남은 리본은 몇 cm인지 구하세요.

❷ 남은 리본은 전체의 몇 분의 몇인지 구하세요.

답 ....

문제읽기 CHECK

- ☐ 구하는 것에 밑줄, 주어진 것에 ○표!
- ☐ 전체 길이는? ....cm
- ☐ 리본 끈을 나눈 방법은? ....cm마다
- ☐ 사용한 길이는? ....cm

19 DAY

분수만큼 구하기

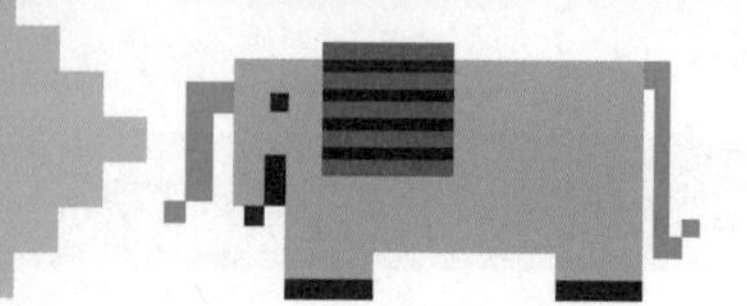

대표 문제

1

색종이가 15장 있습니다. 이 중의 $\frac{1}{5}$은 빨간색입니다.
빨간 색종이는 몇 장일까요?

문제읽고

❶ 구하는 것에 밑줄 치고, 주어진 것에 ○표 하세요.

❷ 색종이 15장을 똑같이 5묶음으로 나누어 보세요.

□□□□□□□□□□□□□□□

풀이쓰고

❸ 빨간 색종이는 몇 장인지 구하세요.

15장의 $\frac{1}{5}$은

15장을 똑같이 5묶음으로 나눈 것 중의 한 묶음이므로 .... 장입니다.

❹ 답을 쓰세요.

빨간 색종이는 .... 입니다.

한번 더 OK

2

한쪽 벽의 길이가 30 m인 건물이 있습니다.
한쪽 벽의 길이의 $\frac{1}{6}$만큼 화단을 만들었습니다.
화단의 길이는 몇 m일까요?

문제읽고

❶ 구하는 것에 밑줄 치고, 주어진 것에 ○표 하세요.

❷ 30 m의 $\frac{1}{6}$을 구하려면 어떻게 해야 할까요?

30 m를 똑같이 .... 부분으로 나누어야 합니다.

풀이쓰고

❸ 화단의 길이는 몇 m인지 구하세요.

30 m의 $\frac{1}{6}$은

30 m를 똑같이 6부분으로 나눈 것 중의 한 부분이므로 .... m입니다.

❹ 답을 쓰세요.

화단의 길이는 .... 입니다.

대표 문제

3

귤이 28개 있습니다. 그중에서 $\frac{4}{7}$만큼을 먹었다면 먹은 귤은 몇 개일까요?

문제읽고

❶ 구하는 것에 밑줄 치고, 주어진 것에 ○표 하세요.

❷ 귤 28개를 똑같이 7묶음으로 나누어 보세요.

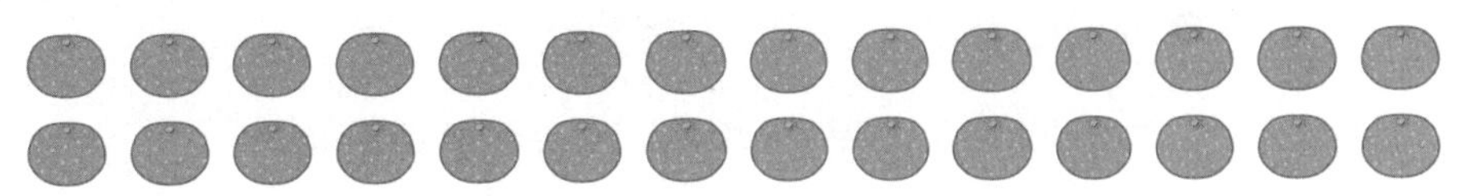

풀이쓰고

❸ 먹은 귤은 몇 개인지 구하세요.

28개를 똑같이 7묶음으로 나누면 한 묶음의 귤은 ....개입니다.

➔ 28개의 $\frac{1}{7}$이 ....개이므로 28개의 $\frac{4}{7}$는 ....개입니다.

$\frac{4}{7}$는 $\frac{1}{7}$이 4개인 수예요.

❹ 답을 쓰세요. 먹은 귤은 ....입니다.

한단계 UP

4

정후는 1시간의 $\frac{3}{4}$만큼 축구를 했습니다. 축구를 한 시간은 몇 분일까요?

문제읽고

❶ 구하는 것에 밑줄 치고, 주어진 것에 ○표 하세요.

❷ 1시간을 똑같이 4부분으로 나누어 보세요.

풀이쓰고

❸ 축구를 한 시간은 몇 분인지 구하세요.

1시간 = ...분입니다.

60분을 똑같이 4부분으로 나누면 한 부분은 ....분입니다.

➔ 60분의 $\frac{1}{4}$이 ....분이므로 60분의 $\frac{3}{4}$은 ....분입니다.

❹ 답을 쓰세요. 축구를 한 시간은 .... 입니다.

1

사과가 24상자 있습니다. 그중에서 $\frac{1}{4}$만큼 팔았다면 판 사과는 몇 상자일까요?

풀이 ❶ 24상자를 똑같이 4묶음으로 나누면

한 묶음의 상자는 .... 상자입니다.

❷ 24상자의 $\frac{1}{4}$은

24상자를 똑같이 4묶음으로 나눈 것 중의 한 묶음이므로

.... 상자입니다.

답 ....

문제읽기 CHECK

- ☐ 구하는 것에 밑줄, 주어진 것에 ○표!
- ☐ 전체 사과 수는? .... 상자
- ☐ 판 사과 수는? 24상자의 ....

2

영준이는 고무딱지 45개를 가지고 있었습니다. 딱지치기에서 가지고 있던 고무딱지의 $\frac{6}{9}$을 잃었습니다. 영준이가 잃은 고무딱지는 몇 개일까요?

풀이 ❶ 45개를 똑같이 9묶음으로 나누면

한 묶음의 고무딱지는 .... 개입니다.

❷ 45개의 $\frac{1}{9}$이 .... 개이므로

45개의 $\frac{6}{9}$은 .... 개입니다.

답 ....

문제읽기 CHECK

- ☐ 구하는 것에 밑줄, 주어진 것에 ○표!
- ☐ 전체 고무딱지 수는? .... 개
- ☐ 잃은 고무딱지 수는? 45개의 ....

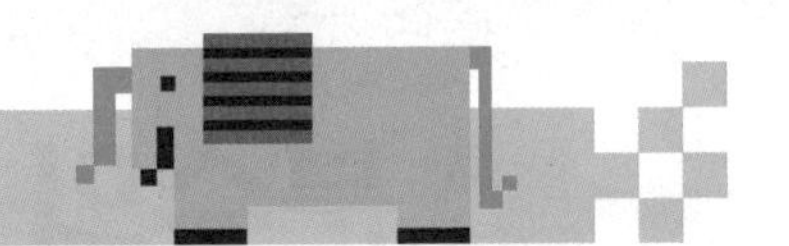

3

예진이는 1시간의 $\frac{1}{3}$만큼 동화책을 읽었습니다. 동화책을 읽은 시간은 몇 분일까요?

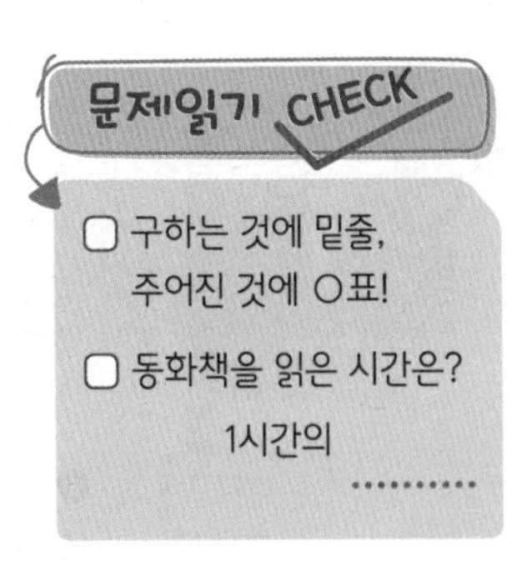

문제읽기 CHECK
□ 구하는 것에 밑줄, 주어진 것에 ○표!
□ 동화책을 읽은 시간은?
1시간의 ....

풀이

❶ 1시간은 몇 분일까요?

❷ 동화책을 읽은 시간은 몇 분인지 구하세요.

답 ....

도전!

4

길이가 72 cm인 색 테이프의 $\frac{5}{8}$를 사용하였습니다. 남은 색 테이프는 몇 cm일까요?

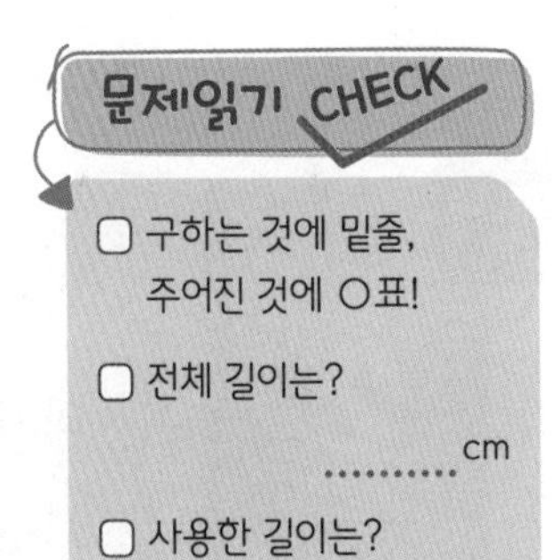

문제읽기 CHECK
□ 구하는 것에 밑줄, 주어진 것에 ○표!
□ 전체 길이는?
.... cm
□ 사용한 길이는?
72 cm의
....

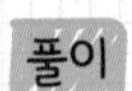

풀이

❶ 사용한 색 테이프는 몇 cm인지 구하세요.

❷ 남은 색 테이프는 몇 cm인지 구하세요.

답

....

20 DAY

분수의 크기 비교

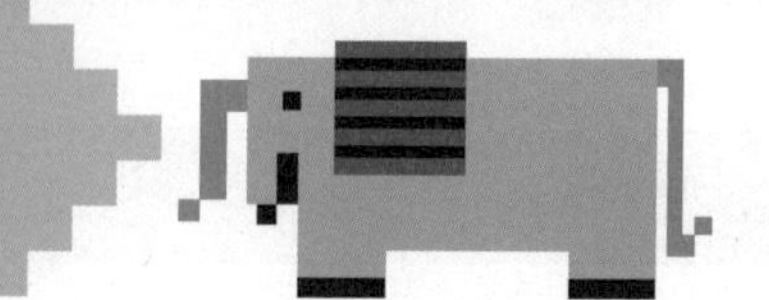

대표 문제

1

철호는 $\frac{11}{8}$ 시간 동안 공부했고, 동석이는 $\frac{9}{8}$ 시간 동안 공부했습니다.
더 오래 공부한 사람은 누구일까요?

문제읽고

❶ 구하는 것에 밑줄 치고, 주어진 것에 ○표 하세요.

❷ 가분수의 크기는 어떻게 비교하나요?

분모가 같은 가분수는 분자가 (**작을수록** , **클수록**) 큰 수입니다.

풀이쓰고

❸ 공부한 시간을 비교하세요.

분자의 크기를 비교하면 11 ◯ 9이므로 $\frac{11}{8}$ ◯ $\frac{9}{8}$입니다.

➔ 공부한 시간이 더 긴 사람은 (**철호** , **동석**)입니다.

❹ 답을 쓰세요.

더 오래 공부한 사람은 ....입니다.

한번 더 OK

2

미끄럼틀과 시소 사이의 거리는 $3\frac{1}{4}$ m이고,
미끄럼틀과 그네 사이의 거리는 $2\frac{3}{4}$ m입니다.
시소와 그네 중 미끄럼틀과 더 가까이 있는 것은 무엇일까요?

문제읽고

❶ 구하는 것에 밑줄 치고, 주어진 것에 ○표 하세요.

❷ 대분수의 크기는 어떻게 비교하나요?

분모가 같은 대분수는 자연수 부분이 (**작을수록** , **클수록**) 큰 수입니다.

풀이쓰고

❸ 거리를 비교하세요.

자연수 부분의 크기를 비교하면 3 ◯ 2이므로 $3\frac{1}{4}$ ◯ $2\frac{3}{4}$입니다.

미끄럼틀과의 거리가 더 짧은 것은 (**시소** , **그네**)입니다.

❹ 답을 쓰세요.

미끄럼틀과 더 가까이 있는 것은 ....입니다.

대표 문제

3

소희의 끈은 길이가 $\frac{34}{9}$ m이고, 현서의 끈은 길이가 $3\frac{4}{9}$ m입니다.
누구의 끈의 길이가 더 길까요?

문제읽고

❶ 무엇을 구하는 문제인가요? 구하는 것에 밑줄 치세요.
❷ 주어진 것은 무엇인가요? ○표 하고 답하세요.

소희 끈의 길이 : .... m, 현서 끈의 길이 : .... m

풀이쓰고

❸ 대분수를 가분수로 바꾸어 끈의 길이를 비교하세요.

$3\frac{4}{9}$ = ... 이므로

$3\frac{4}{9}$에서 $3=\frac{27}{9}$로 나타내고 진분수 $\frac{4}{9}$가 남으므로 $3\frac{4}{9}$는 $\frac{1}{9}$이 27+4=31(개)입니다.

$\frac{34}{9}$ ○ ....(가분수) 입니다.

따라서 끈이 더 긴 사람은 (**소희** , **현서**)입니다.

❹ 답을 쓰세요. ....의 끈의 길이가 더 깁니다.

한단계 UP

4

세 개의 통에 우유가 다음과 같이 들어 있습니다.
우유가 가장 적게 들어 있는 통은 어느 것일까요?

㉮

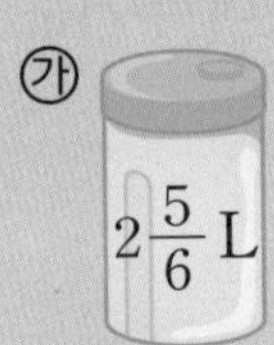

㉯

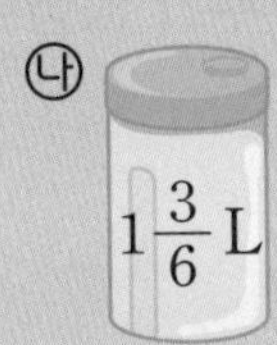

㉰

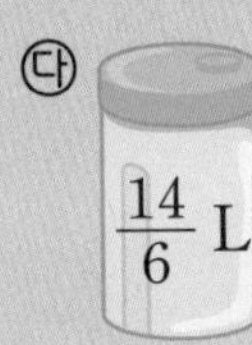

문제읽고

❶ 구하는 것에 밑줄 치고, 주어진 것에 ○표 하세요.
❷ 세 분수의 크기를 비교하려면 어떻게 해야 하나요?

㉮와 ㉯가 대분수이므로 ㉰를 (**대분수** , **가분수**)로 바꾸어 크기를 비교합니다.

풀이쓰고

❸ 가분수를 대분수로 바꾸어 우유의 양을 비교하세요.

$\frac{14}{6}$ = ... 이므로

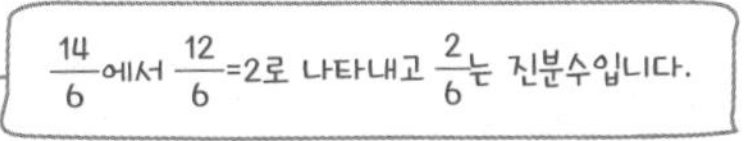

$\frac{14}{6}$에서 $\frac{12}{6}$=2로 나타내고 $\frac{2}{6}$는 진분수입니다.

$2\frac{5}{6}$, $1\frac{3}{6}$, ...(대분수) 의 크기를 비교하면 .... < .... < .... 입니다.

따라서 (㉮ , ㉯ , ㉰)에 들어 있는 우유가 가장 적습니다.

❹ 답을 쓰세요. 우유가 가장 적게 들어 있는 통은 ....입니다.

1 보라는 분수 카드 $\boxed{\frac{16}{13}}$을, 상우는 분수 카드 $\boxed{\frac{18}{13}}$을 가지고 있습니다. 보라와 상우 중에서 더 작은 분수를 가지고 있는 사람은 누구일까요?

문제읽기 CHECK
- ☐ 구하는 것에 밑줄, 주어진 것에 ○표!
- ☐ 가지고 있는 분수 카드의 수는?
  보라 ....
  상우 ....

풀이 분자의 크기를 비교하면 16 ◯ 18이므로

$\frac{16}{13}$ ◯ $\frac{18}{13}$입니다.

따라서 더 작은 분수를 가지고 있는 사람은 .... 입니다.

답 ....

2 무게가 각각 $3\frac{3}{7}$ g, $3\frac{5}{7}$ g인 추가 있습니다. 더 무거운 추의 무게를 쓰세요.

문제읽기 CHECK
- ☐ 구하는 것에 밑줄, 주어진 것에 ○표!
- ☐ 추의 무게는?
  .... g, ... g

풀이

답 ....

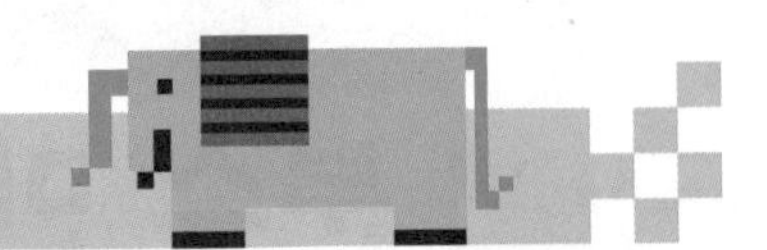

3

선희는 30분에 $\frac{10}{3}$ km를 걷고, 진혜는 30분에 $2\frac{2}{3}$ km를 걷습니다. 더 천천히 걷는 사람은 누구일까요?

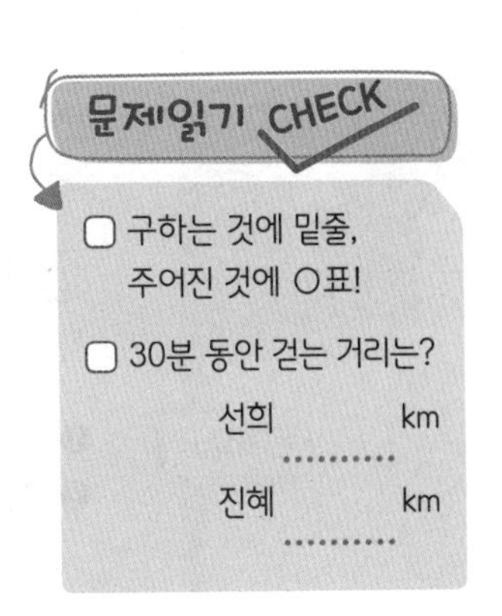

문제읽기 CHECK
구하는 것에 밑줄, 주어진 것에 ○표!
30분 동안 걷는 거리는?
선희 km
진혜 km

풀이

❶ $2\frac{2}{3}$를 가분수로 나타내세요.

❷ 30분 동안 걷는 거리를 비교하여 더 천천히 걷는 사람은 누구인지 구하세요.

천천히 걸으면?
멀리 못 가요.

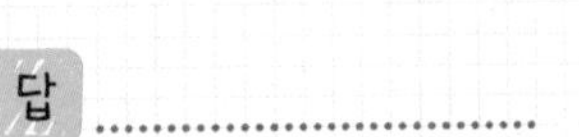

답

도전!

4

석규, 시영, 현준이네 집에서 도서관까지의 거리를 나타낸 표입니다. 도서관에서 가장 먼 곳에 사는 친구는 누구일까요?

석규	시영	현준
$2\frac{4}{5}$ km	$\frac{13}{5}$ km	2 km

문제읽기 CHECK

- 구하는 것에 밑줄, 주어진 것에 ○표!
- 집에서 도서관까지의 거리는?
  석규 km
  시영 km
  현준 km

풀이

❶ $\frac{13}{5}$을 대분수로 나타내세요.

❷ 집에서 도서관까지의 거리를 비교하여 도서관에서 가장 먼 곳에 사는 친구는 누구인지 구하세요.

답

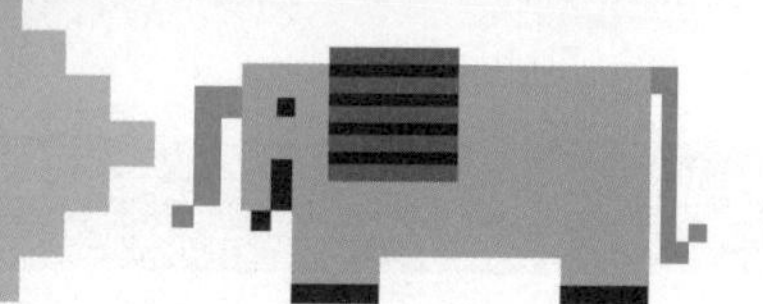

21 DAY 분수 만들기

대표 문제

1

수 카드 3장 중에서 2장을 골라
만들 수 있는 가분수를 모두 쓰세요.

문제읽고

❶ 구하는 것에 밑줄 치고, 주어진 것에 ○표 하세요.

❷ 가분수는 어떤 분수인가요?

가분수는 분자가 분모와 같거나 분모보다 (작은 , 큰) 분수입니다.

풀이쓰고

❸ 가분수를 만드세요.

분모가 2일 때 만들 수 있는 가분수는 $\frac{\square}{2}$, $\frac{\square}{2}$입니다.

분모가 5일 때 만들 수 있는 가분수는 $\frac{\square}{5}$입니다.

분모가 7일 때 만들 수 있는 가분수는 (**있습니다** , **없습니다**).

❹ 답을 쓰세요. 만들 수 있는 가분수는 .... 입니다.

한번 더 OK

2

수 카드 3장을 한 번씩만 사용하여
만들 수 있는 대분수를 모두 쓰세요.

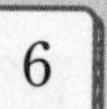
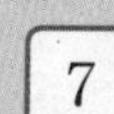

문제읽고

❶ 구하는 것에 밑줄 치고, 주어진 것에 ○표 하세요.

❷ 대분수는 어떤 분수인가요?

대분수는 자연수와 (**진분수**, **가분수**)로 이루어진 분수입니다.

풀이쓰고

❸ 대분수를 만드세요.

자연수가 4일 때 만들 수 있는 대분수는 $4\frac{\square}{\square}$입니다.

자연수가 6일 때 만들 수 있는 대분수는 $6\frac{\square}{\square}$입니다.

자연수가 7일 때 만들 수 있는 대분수는 $7\frac{\square}{\square}$입니다.

❹ 답을 쓰세요. 만들 수 있는 대분수는 .... 입니다.

대표 문제 3

수 카드 3장 중에서 2장을 골라
가장 큰 가분수를 만들어 보세요.

문제읽고

❶ 구하는 것에 밑줄 치고, 주어진 것에 ○표 하세요.

❷ 가장 큰 가분수를 만들려면 어떻게 해야 하나요?

분자에 가장 (큰 , 작은) 수를 놓고, 분모에 가장 (큰 , 작은) 수를 놓습니다.

풀이쓰고

❸ 가장 큰 가분수를 만드세요.

분자에 가장 큰 수 (3 , 6 , 8)을 놓고,

분모에 가장 작은 수 (3 , 6 , 8)을 놓습니다.

→ 가분수 $\frac{\square}{\square}$을 만들 수 있습니다.

❹ 답을 쓰세요. 가장 큰 가분수는 .... 입니다.

한번 더 OK 4

수 카드 1, 2, 9를 한 번씩만 사용하여
가장 작은 대분수를 만들어 보세요.

문제읽고

❶ 구하는 것에 밑줄 치고, 주어진 것에 ○표 하세요.

❷ 가장 작은 대분수를 만들려면 어떻게 해야 하나요?

자연수 부분에 가장 (큰 , 작은) 수를 놓습니다.

풀이쓰고

❸ 가장 작은 대분수를 만드세요.

자연수에 가장 작은 수 (1 , 2 , 9)를 놓고,

남은 수 카드의 수 (1 , 2 , 9)로 진분수를 만들면 $\frac{\square}{\square}$입니다.

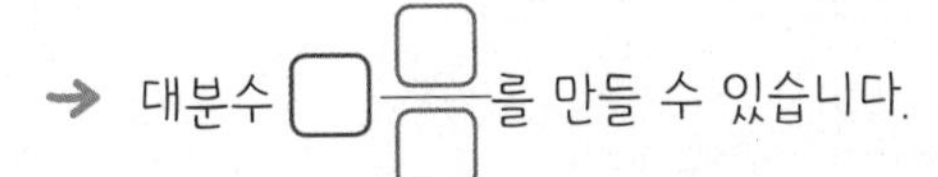

→ 대분수 $\square\frac{\square}{\square}$를 만들 수 있습니다.

❹ 답을 쓰세요. 가장 작은 대분수는 .... 입니다.

1 수 카드 3장 중에서 2장을 골라 만들 수 있는 진분수를 모두 쓰세요.

3 4 5

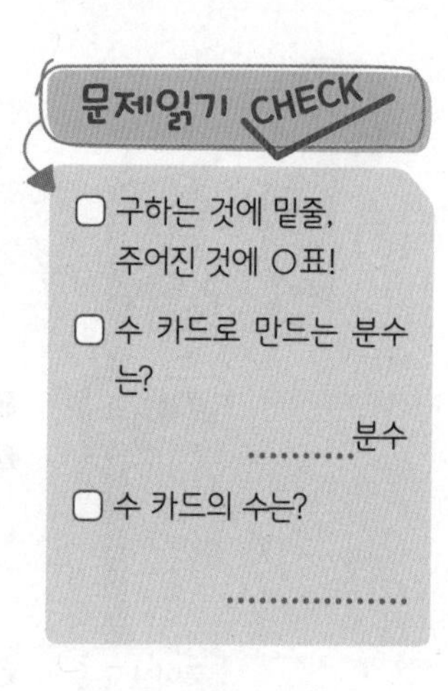
문제읽기 CHECK
구하는 것에 밑줄, 주어진 것에 ○표!
수 카드로 만드는 분수는?
분수
수 카드의 수는?

풀이 ❶ 진분수는 분자가 분모보다 (작은 , 큰) 분수입니다.

❷ 분모가 5일 때 만들 수 있는 진분수는 $\frac{\square}{5}$, $\frac{\square}{5}$입니다.

분모가 4일 때 만들 수 있는 진분수는 $\frac{\square}{4}$입니다.

분모가 3일 때 만들 수 있는 진분수는 (있습니다 , 없습니다).

답 ....

2 수 카드 3장 중에서 2장을 골라 가장 큰 가분수를 만들고, 이 가분수를 대분수로 나타내세요.

4 7 9

문제읽기 CHECK

☐ 구하는 것에 밑줄, 주어진 것에 ○표!

☐ 수 카드로 만드는 분수는? ....분수

☐ 수 카드의 수는? ....

풀이 ❶ 가장 큰 가분수를 만드세요.

❷ ❶에서 만든 가분수를 대분수로 나타내세요.

답 ...., ...

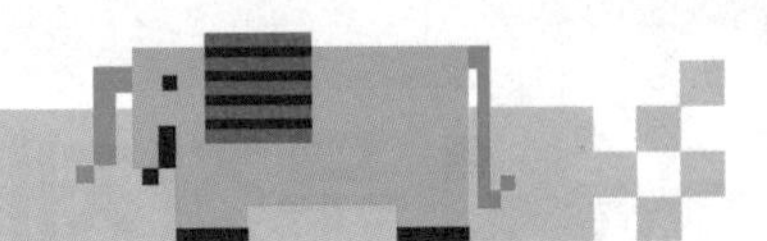

3

수 카드 3장을 한 번씩만 사용하여 가장 큰 대분수를 만들고, 이 대분수를 가분수로 나타내세요.

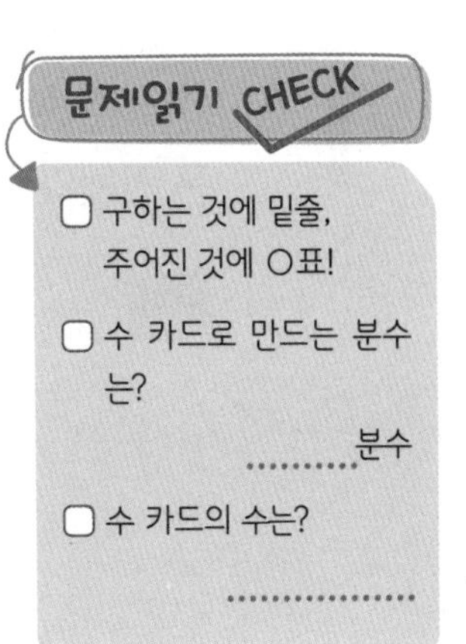

문제읽기 CHECK
구하는 것에 밑줄, 주어진 것에 ○표!
수 카드로 만드는 분수는?
분수
수 카드의 수는?

2	7	8

풀이 ❶ 가장 큰 대분수를 만드세요.

❷ ❶에서 만든 대분수를 가분수로 나타내세요.

답

........................, ...

도전!

4

조건을 만족하는 분수 중 가장 작은 수를 구하세요.

문제읽기 CHECK

- ☐ 구하는 것에 밑줄, 주어진 것에 ○표!
- ☐ 대분수의 크기는? ....보다 크고 ....보다 작다.
- ☐ 분모는? ....

- 2보다 크고 3보다 작은 대분수입니다.
- 분모는 4입니다.

풀이 ❶ 조건을 만족하는 분수를 모두 구하세요.

❷ 조건을 만족하는 분수 중 가장 작은 수를 구하세요.

답 ....

22 DAY 문장제 서술형 평가

1 15명의 학생들이 5명씩 한 팀이 되어 경기를 하려고 합니다. 한 팀에 있는 학생은 전체의 몇 분의 몇일까요? **(5점)**

2 소연이는 꽃 60송이를 6송이씩 묶은 것 중에서 24송이를 친구에게 선물했습니다. 선물한 꽃은 전체의 몇 분의 몇일까요? **(6점)**

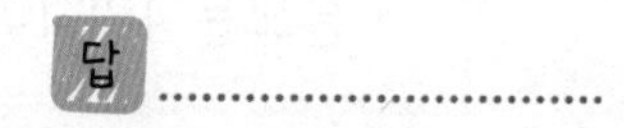

3 진선이는 과자 30개 중에서 $\frac{2}{5}$만큼을 동생에게 주었습니다. 동생에게 준 과자는 몇 개일까요? **(6점)**

답 ....

4

3일 동안 우유를 희수는 $1\frac{6}{7}$ L 마셨고, 주혁이는 $2\frac{1}{7}$ L 마셨습니다. 희수와 주혁이 중에서 누가 우유를 더 많이 마셨을까요? **(6점)**

풀이

답 ....

5

윤주네 집에서 병원까지는 $4\frac{3}{4}$ km이고, 대형 마트까지는 $\frac{17}{4}$ km입니다. 병원과 대형 마트 중 윤주네 집에서 더 먼 곳은 어디인가요? **(7점)**

풀이

답 ....

6

어젯밤에 눈이 35 mm 내렸습니다. 오늘 날씨가 따뜻해서 그중의 $\frac{3}{7}$이 녹았다면 남은 눈은 몇 mm일까요? **(7점)**

풀이

답 ....

7

수 카드 4장 중에서 2장을 골라 가장 큰 가분수를 만들고, 이 가분수를 대분수로 나타내세요. **(8점)**

6	8	3	7

풀이

답 ...., ...

8

딸기 63개 중에서 아버지께서 전체의 $\frac{3}{7}$만큼을, 어머니께서 전체의 $\frac{2}{9}$만큼을 먹었고 나머지는 희선이가 모두 먹었습니다. 누가 딸기를 가장 많이 먹었는지 구하세요. **(8점)**

풀이

답 ....

내가 먹던 게 뭐지

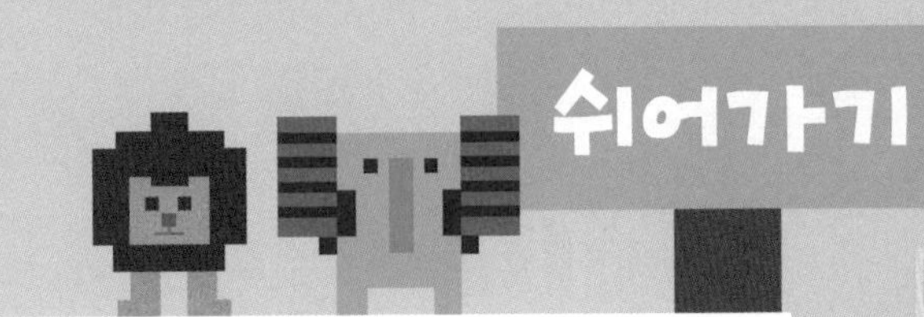

음료의 그림자를 찾아 ○표 해 주세요.

깜빡!
친구들과 음료를 마시고 있는데 갑자기 불이 꺼져버렸어요.
어떤 게 내가 먹던 음료일까요? 그림자를 보고 찾아주세요.
아이스크림이 녹기 전에 부탁해요~!

5 들이와 무게

어떻게 공부할까요?

계획대로 공부했나요?
스스로 평가하여
알맞은 표정에 색칠하세요.

교재 날짜	공부할 내용	공부한 날짜	스스로 평가
23일	개념 확인하기	/	
24일	들이의 덧셈과 뺄셈	/	
25일	무게의 덧셈과 뺄셈	/	
26일	문장제 서술형 평가	/	

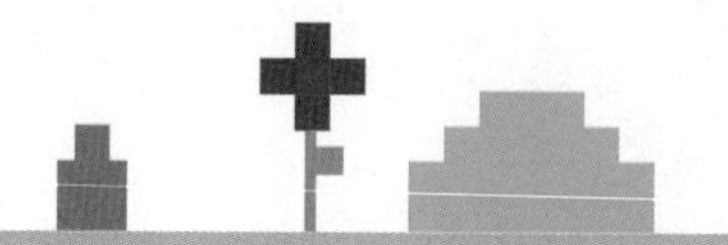

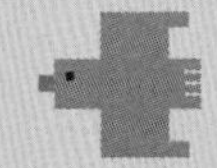

우유는 몇 mL일까?
내 몸무게는 몇 kg일까?

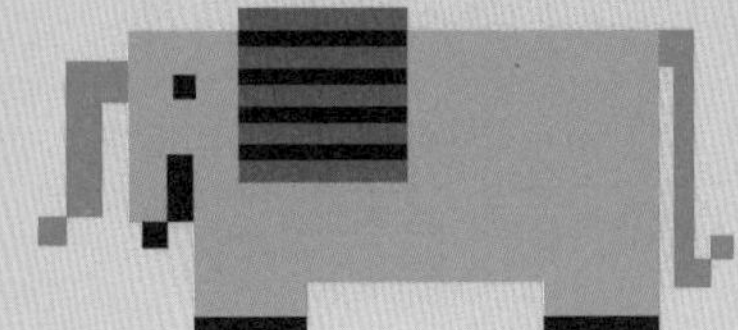

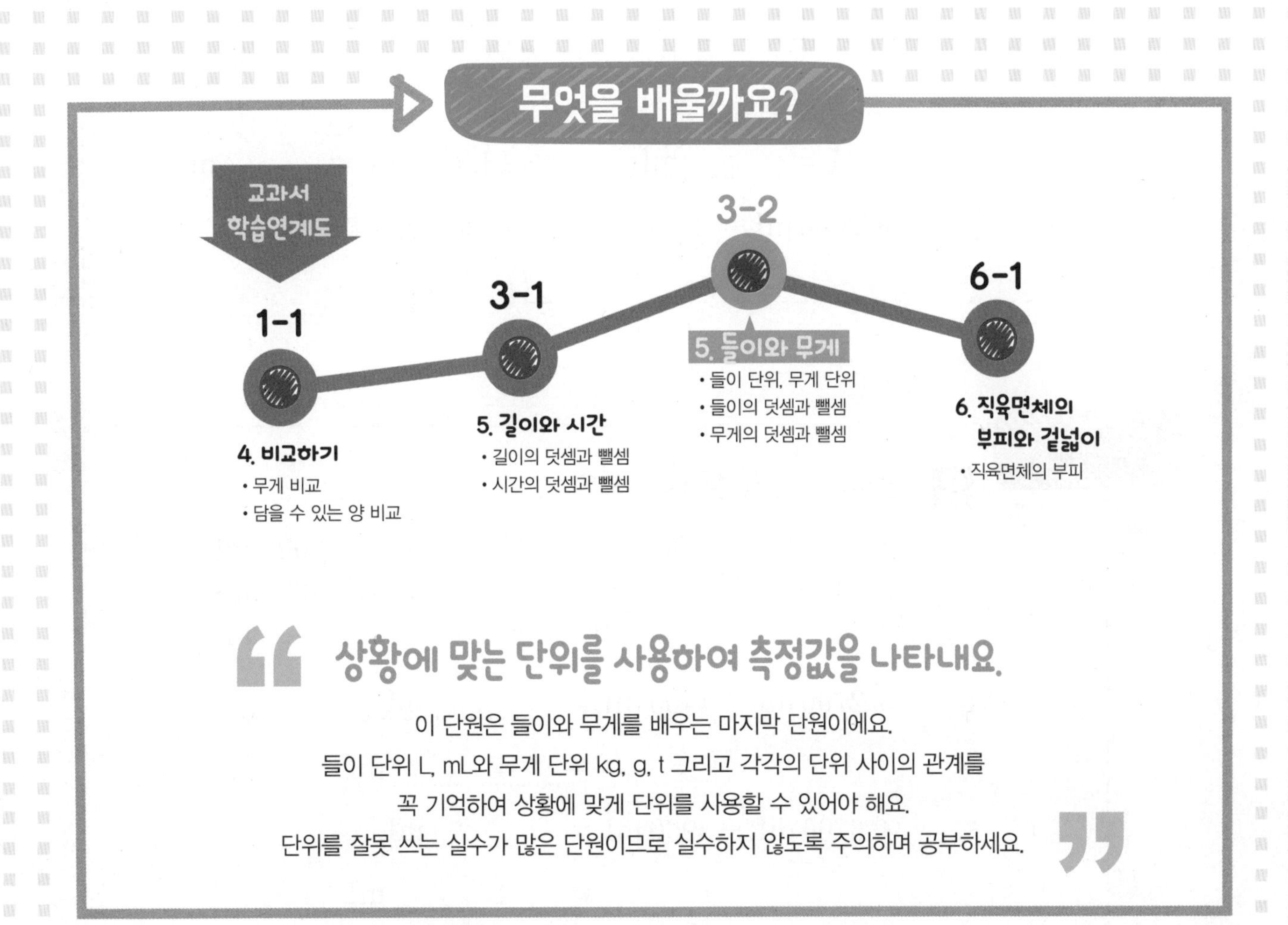

무엇을 배울까요?

상황에 맞는 단위를 사용하여 측정값을 나타내요.

이 단원은 들이와 무게를 배우는 마지막 단원이에요.
들이 단위 L, mL와 무게 단위 kg, g, t 그리고 각각의 단위 사이의 관계를
꼭 기억하여 상황에 맞게 단위를 사용할 수 있어야 해요.
단위를 잘못 쓰는 실수가 많은 단원이므로 실수하지 않도록 주의하며 공부하세요.

23 DAY 개념 확인하기

1 ㉮ 주전자와 ㉯ 주전자에 물을 가득 채운 후 모양과 크기가 같은 컵에 옮겨 담았습니다. 빈 곳에 알맞은 수나 말을 써넣으세요.

(1) ㉮ 주전자에는 컵 ....개만큼 물이 들어가고,

㉯ 주전자에는 컵 ....개만큼 물이 들어갑니다.

(2) 들이가 더 많은 것은 .... 주전자입니다.

2 빈 곳에 알맞은 수를 써넣으세요.

(1) 7 L= .... mL

(2) 1 L 600 mL= .... mL

(3) 2000 mL= L

(4) 4520 mL= .... L .... mL

3 들이의 덧셈과 뺄셈을 하세요.

(1)

	1	L	500	mL
+	2	L	300	mL
		L		mL

(2)

	3	L	600	mL
−	1	L	400	mL
		L		mL

(3) 2700 mL+1400 mL= .... mL

= .... L .... mL

(4) 6700 mL−3900 mL= .... mL

= .... L .... mL

4 가위와 풀의 무게를 100원짜리 동전으로 비교하였습니다. 빈 곳에 알맞은 수를 써넣으세요.

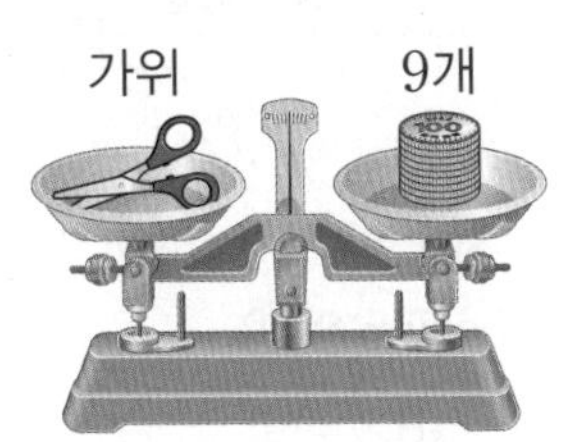

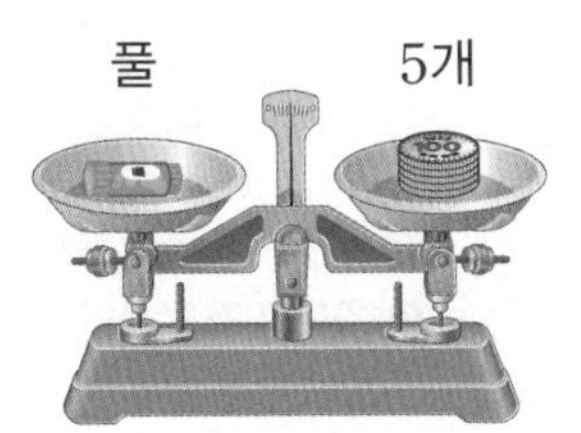

(1) 가위는 100원짜리 동전 .... 개의 무게와 같고,

풀은 100원짜리 동전 .... 개의 무게와 같습니다.

(2) 가위가 풀보다 100원짜리 동전 .... 개만큼 더 무겁습니다.

무게의 단위

5 빈 곳에 알맞은 수를 써넣으세요.

(1) 5 kg= .... g

(2) 3 kg 400 g= .... g

(3) 3 t= .... kg

(4) 8010 g= .... kg .... g

무게의 덧셈과 뺄셈

6 무게의 덧셈과 뺄셈을 하세요.

(1)

	4 kg	200 g
+	1 kg	200 g
	kg	g

(2)

	10 kg	800 g
−	2 kg	700 g
	kg	g

(3) 3600 g+1600 g= .... g= .... kg .... g

(4) 9200 g−1800 g= .... g= .... kg .... g

24 DAY

들이의 덧셈과 뺄셈

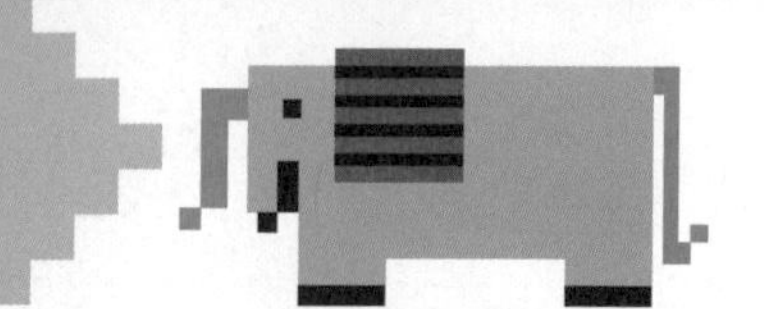

대표 문제

1

윤선이는 우유를 지난주에 1 L 400 mL 마셨고,
이번 주에는 1 L 900 mL 마셨습니다.
윤선이가 지난주와 이번 주에 마신 우유는 모두 몇 L 몇 mL일까요?

문제읽고

❶ 무엇을 구하는 문제인가요? 구하는 것에 밑줄 치세요.
❷ 주어진 것은 무엇인가요? ○표 하고 답하세요.

지난주 : ...... L ...... mL, 이번 주 : ...... L ...... mL

풀이쓰고

❸ 식을 쓰세요.

(마신 우유의 양) = (지난주에 마신 우유의 양) (+ , -) (이번 주에 마신 우유의 양)

= ...... L ...... mL (+ , -) ...... L ...... mL

= ...... L ...... mL

❹ 답을 쓰세요. 지난주와 이번 주에 마신 우유는 모두 ....입니다.

한단계 UP

2

기름 2 L 700 mL가 들어 있는 튀김기에
기름을 1500 mL 더 넣었습니다.
튀김기에 들어 있는 기름은 모두 몇 L 몇 mL일까요?

문제읽고

❶ 무엇을 구하는 문제인가요? 구하는 것에 밑줄 치세요.
❷ 주어진 것은 무엇인가요? ○표 하고 답하세요.

처음 들어 있던 기름 : ...... L ...... mL, 더 넣은 기름 : ...... mL

풀이쓰고

❸ 더 넣은 기름의 양을 몇 L 몇 mL로 나타내세요.

1000 mL = ... L이므로 1500 mL = ... L ...... mL입니다.

❹ 튀김기에 들어 있는 기름은 몇 L 몇 mL인지 구하세요.

(전체 기름의 양) = (처음 기름의 양) (+ , -) (더 넣은 기름의 양)

= ...... L ...... mL (+ , -) ...... L ...... mL

└ 단위가 다를 때에는 단위를 같게 하여 계산해야 해요. ┘

= ...... L ...... mL

❺ 답을 쓰세요. 튀김기에 들어 있는 기름은 모두 ....입니다.

3

재하는 매일 화단에 물을 줍니다.
물을 어제는 1 L 450 mL 주고, 오늘은 2 L 200 mL 주었습니다.
오늘은 어제보다 물을 몇 mL 더 많이 주었을까요?

문제읽고

❶ 구하는 것에 밑줄 치고, 주어진 것에 ○표 하세요.

❷ 오늘은 어제보다 물을 얼마나 더 많이 주었는지 구하려면 어떻게 해야 할까요?

(**오늘** , **어제**) 준 물의 양에서 (**오늘** , **어제**) 준 물의 양을 (**더합니다** , **뺍니다**).

풀이쓰고

❸ 식을 쓰세요.

(오늘 준 물의 양) (+ , -) (어제 준 물의 양)

= ......L......mL (+ , -) ......L......mL

= ......mL

❹ 답을 쓰세요. 오늘은 어제보다 물을 .... 더 많이 주었습니다.

한단계 UP

4

물통에 물이 3520 mL 들어 있었습니다.
그중에서 1 L 325 mL를 마셨다면 남은 물은 몇 L 몇 mL일까요?

문제읽고

❶ 무엇을 구하는 문제인가요? 구하는 것에 밑줄 치세요.

❷ 주어진 것은 무엇인가요? ○표 하고 답하세요.

처음 들어 있던 물 : ......mL, 마신 물 : ......L......mL

풀이쓰고

❸ 물통에 들어 있던 물의 양을 몇 L 몇 mL로 나타내세요.

3520 mL = ...L......mL

❹ 남은 물은 몇 L 몇 mL인지 구하세요.

(남은 물의 양) = (처음 들어 있던 물의 양) (+ , -) (마신 물의 양)

= ......L......mL (+ , -) ......L......mL

= ......L......mL

❺ 답을 쓰세요. 남은 물은 ....입니다.

1 물이 4 L 500 mL 들어 있는 수조에 1 L 200 mL의 물을 더 넣었습니다. 수조에 들어 있는 물은 몇 L 몇 mL일까요?

문제읽기 CHECK
- ▢ 구하는 것에 밑줄, 주어진 것에 ○표!
- ▢ 수조에 들어 있던 물의 양은? ......L ......mL
- ▢ 더 넣은 물의 양은? ......L ......mL

풀이 (수조에 들어 있는 물의 양)

= (처음 들어 있던 물의 양) + (더 넣은 물의 양)

= ....

= ....

답 ....

2 물이 6 L 들어 있는 어항에서 3 L 600 mL의 물을 퍼냈습니다. 어항에 남은 물은 몇 L 몇 mL일까요?

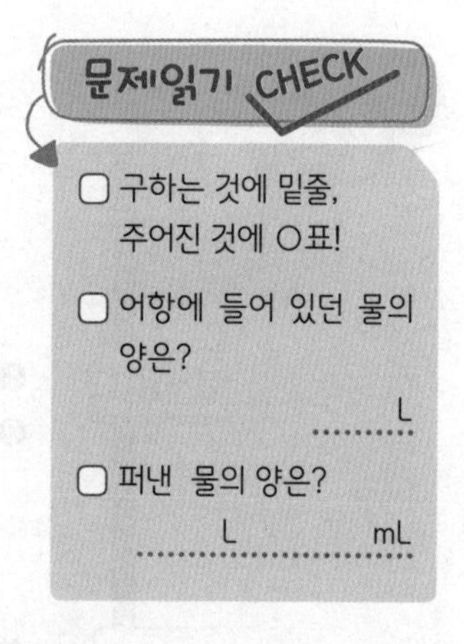

문제읽기 CHECK
- ▢ 구하는 것에 밑줄, 주어진 것에 ○표!
- ▢ 어항에 들어 있던 물의 양은? L
- ▢ 퍼낸 물의 양은? ......L ......mL

풀이

답 ....

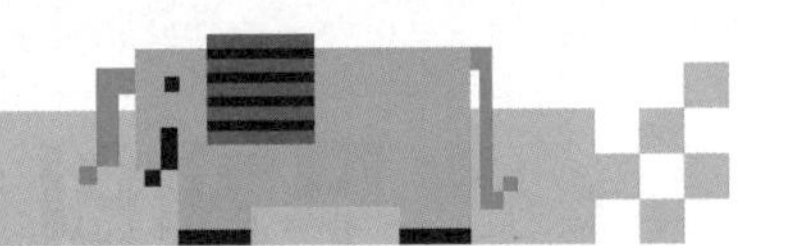

3 약수터에서 약수를 연아는 2500 mL만큼 받고, 태호는 2 L 50 mL 만큼 받았습니다. 연아와 태호 중 누가 약수를 몇 mL 더 많이 받았을까요?

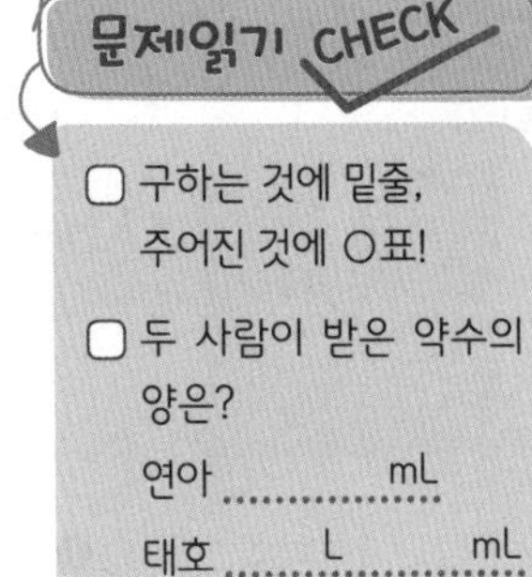

문제읽기 CHECK
구하는 것에 밑줄,
주어진 것에 ○표!
두 사람이 받은 약수의 양은?
연아 mL
태호 L mL

❶ 연아와 태호 중 누가 약수를 더 많이 받았는지 구하세요.

❷ 약수를 몇 mL 더 많이 받았는지 구하세요.

답 ...., ...

4 빨간색 페인트 3 L 700 mL와 노란색 페인트 4 L 800 mL를 섞어 주황색 페인트를 만들었습니다. 이 주황색 페인트로 벽을 칠했더니 페인트가 5 L 900 mL 남았습니다. 벽을 칠하는 데 사용한 페인트는 몇 L 몇 mL일까요?

문제읽기 CHECK

- ☐ 구하는 것에 밑줄, 주어진 것에 ○표!
- ☐ 페인트의 양은?
  빨간색 ...... L ...... mL
  노란색 ...... L ...... mL
- ☐ 남은 페인트의 양은?
  ...... L ...... mL

풀이 ❶ 주황색 페인트는 몇 L 몇 mL인지 구하세요.

❷ 사용한 페인트는 몇 L 몇 mL인지 구하세요.

답 ....

25 DAY

무게의 덧셈과 뺄셈

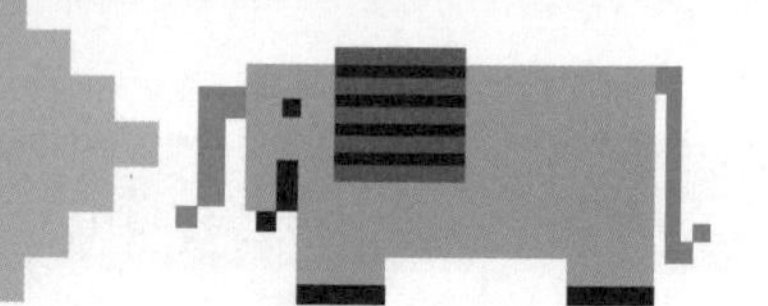

대표 문제

1

희수의 몸무게는 29 kg 600 g이고,
아버지의 몸무게는 희수의 몸무게보다 41 kg 600 g 더 무겁습니다.
아버지의 몸무게는 몇 kg 몇 g일까요?

문제읽고

❶ 무엇을 구하는 문제인가요? 구하는 것에 밑줄 치세요.

❷ 주어진 것은 무엇인가요? ○표 하고 답하세요.

아버지 : 희수 몸무게 ______ kg ______ g보다 ______ kg ______ g 더 무겁습니다.

풀이쓰고

❸ 식을 쓰세요.

(아버지 몸무게) = (희수 몸무게) (+ , -) (더 무거운 몸무게)

= ______ kg ______ g (+ , -) ______ kg ______ g

= ______ kg ______ g

❹ 답을 쓰세요.

아버지의 몸무게는 ______________ 입니다.

한단계 UP

2

밭에서 감자 1 kg 600 g과 고구마 2300 g을 캤습니다.
밭에서 캔 감자와 고구마는 모두 몇 kg 몇 g일까요?

문제읽고

❶ 무엇을 구하는 문제인가요? 구하는 것에 밑줄 치세요.

❷ 주어진 것은 무엇인가요? ○표 하고 답하세요.

감자 : ______ kg ______ g, 고구마 : ______ g

풀이쓰고

❸ 고구마의 무게를 몇 kg 몇 g으로 나타내세요.

1000 g = ______ kg이므로 2300 g = ______ kg ______ g

❹ 감자와 고구마는 모두 몇 kg 몇 g인지 구하세요.

(감자와 고구마의 무게) = (감자의 무게) (+ , -) (고구마의 무게)

= ______ kg ______ g (+ , -) ______ kg ______ g

= ______ kg ______ g

❺ 답을 쓰세요.

감자와 고구마는 모두 ______________ 입니다.

대표 문제

3

사과가 들어 있는 상자의 무게는 4 kg 300 g입니다.
상자 안에 들어 있는 사과의 무게가 3 kg 800 g이라면
빈 상자의 무게는 몇 g일까요?

문제읽고

❶ 구하는 것에 밑줄 치고, 주어진 것에 ○표 하세요.

❷ 빈 상자의 무게를 구하려면 어떻게 해야 할까요?

사과 상자에서
−

사과를 덜어 내면
→
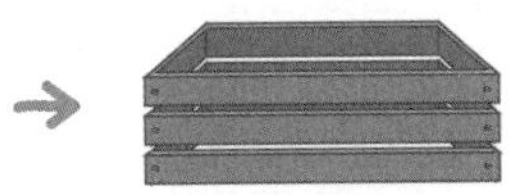
빈 상자만 남습니다.

➔ (**사과 상자** , **사과**)의 무게에서 (**사과 상자** , **사과**)의 무게를 (**더합니다** , **뺍니다**).

풀이쓰고

❸ 식을 쓰세요.

(빈 상자의 무게) = (사과 상자의 무게) (+ , −) (사과의 무게)

= .... kg .... g (+ , −) .... kg .... g

= .... g

❹ 답을 쓰세요. 빈 상자의 무게는 .... 입니다.

한단계 UP

4

고양이의 무게는 3 kg 900 g이고, 강아지의 무게는 5600 g입니다.
고양이와 강아지 중 어느 동물이 몇 g 더 무거울까요?

문제읽고

❶ 무엇을 구하는 문제인가요? 구하는 것에 밑줄 치세요.

❷ 주어진 것은 무엇인가요? ○표 하고 답하세요.

고양이 : .... kg .... g = ... g, 강아지 : .... g

풀이쓰고

❸ 고양이와 강아지의 무게를 비교하세요.

.... g ◯ 5600 g이므로 (**고양이** , **강아지**)가 더 무겁습니다.

❹ 몇 kg 몇 g 더 무거운지 구하세요.

(무게의 차) = ... g − .... g

= .... g

❺ 답을 쓰세요. .... 가 .... 더 무겁습니다.

1

지은이는 돼지고기 1 kg 800 g과 소고기 2 kg 600 g을 샀습니다. 지은이가 산 고기는 모두 몇 kg 몇 g일까요?

풀이 (지은이가 산 고기의 무게)

= (돼지고기의 무게) + (소고기의 무게)

= ....

= ....

답 ....

문제읽기 CHECK

- ☐ 구하는 것에 밑줄, 주어진 것에 ○표!
- ☐ 돼지고기의 무게는?
  ......kg......g
- ☐ 소고기의 무게는?
  ......kg......g

2

성준이가 책가방을 메고 저울에 올라가면 무게가 37 kg 400 g이고, 성준이만 저울에 올라가면 무게가 36 kg 500 g입니다. 책가방의 무게는 몇 g일까요?

풀이

답 ....

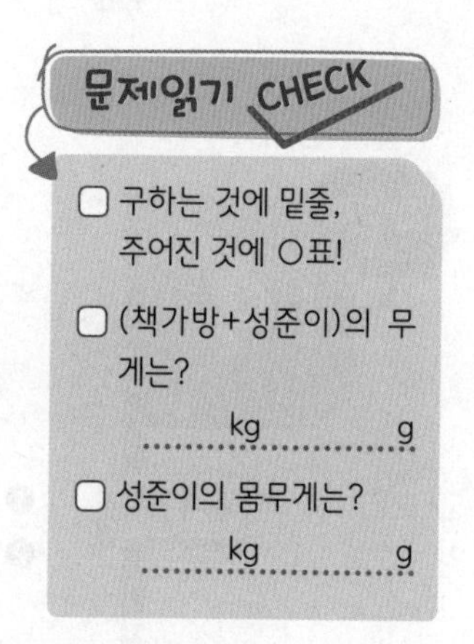

문제읽기 CHECK
☐ 구하는 것에 밑줄, 주어진 것에 ○표!
☐ (책가방+성준이)의 무게는?
kg g
☐ 성준이의 몸무게는?
kg g

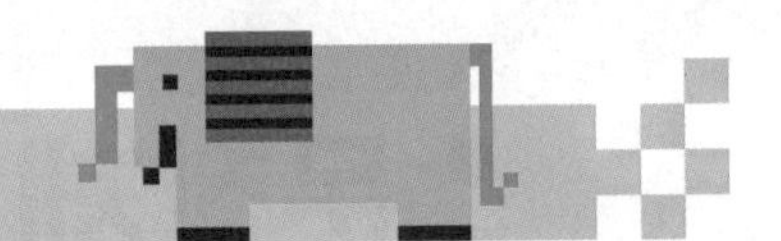

3

수미의 방에 있는 책상의 무게는 7550 g이고, 의자의 무게는 책상의 무게보다 2 kg 650 g 더 가볍습니다. 의자의 무게는 몇 g일까요?

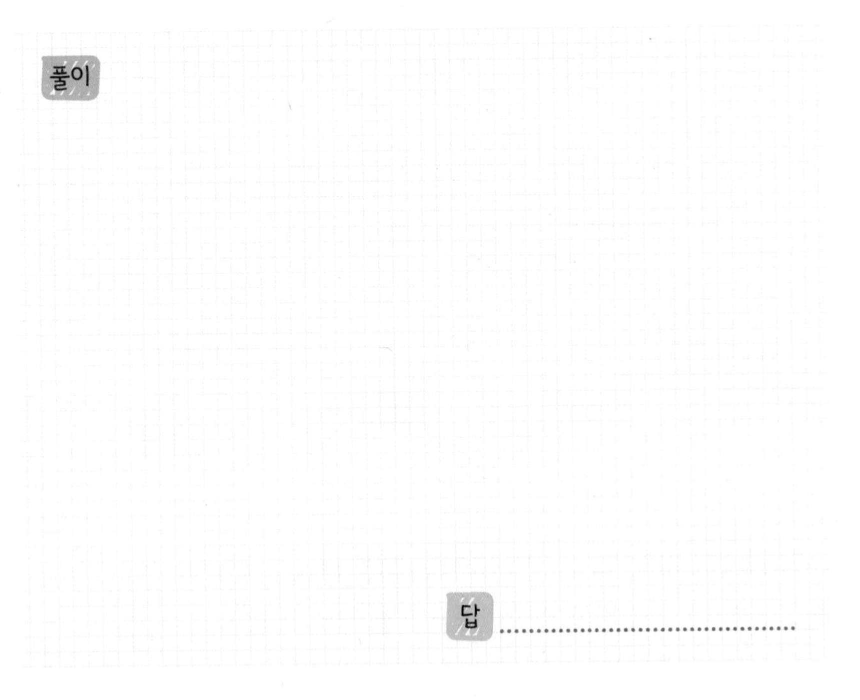

풀이

답 ....

문제읽기 CHECK

- ☐ 구하는 것에 밑줄, 주어진 것에 ○표!
- ☐ 책상의 무게는? ....g
- ☐ 의자의 무게는? 책상의 무게보다 ....kg ....g 더 가볍다.

도전!

4

똑같은 주스 2병과 생수 1병을 저울에 올려놓았더니 3 kg이었습니다. 주스 1병의 무게가 600 g이라면 생수 1병의 무게는 몇 kg 몇 g일까요?

풀이 ❶ 주스 2병의 무게는 몇 g인지 구하세요.

❷ 생수 1병의 무게는 몇 kg 몇 g인지 구하세요.

답 ....

문제읽기 CHECK

- ☐ 구하는 것에 밑줄, 주어진 것에 ○표!
- ☐ 주스 2병과 생수 1병의 무게는? ....kg
- ☐ 주스 1병의 무게는? ....g

26 DAY

문장제 서술형 평가

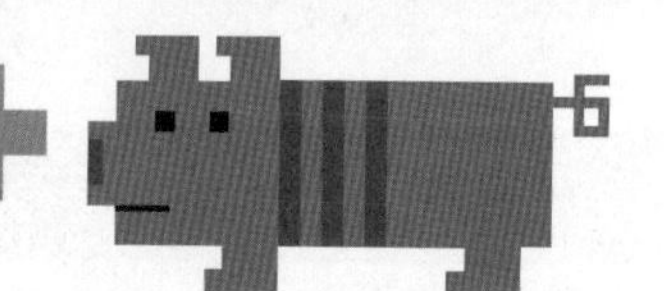

1 정훈이는 찬물 2 L 400 mL가 들어 있는 세숫대야에 뜨거운 물 700 mL를 부어 따뜻한 물을 만들었습니다. 세숫대야에 들어 있는 물은 모두 몇 L 몇 mL일까요? **(5점)**

풀이

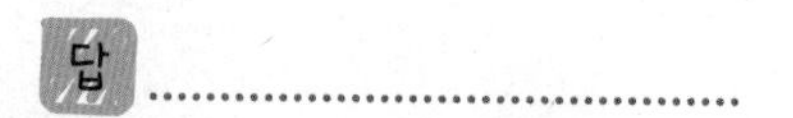
답

2 영현이의 몸무게는 25 kg 350 g이고, 강아지의 무게는 4 kg 250 g입니다. 영현이가 강아지를 안고 저울에 올라가면 몇 kg 몇 g이 될까요? **(5점)**

풀이

답

3 항아리에 물이 3 L 900 mL 들어 있었습니다. 그런데 항아리에 금이 가서 물이 빠져나가고 2 L 475 mL 남았습니다. 빠져나간 물의 양은 몇 L 몇 mL일까요? **(5점)**

풀이

답

4 호떡집에 식용유가 3500 mL 있었습니다. 오늘 호떡을 만드는 데 식용유를 1 L 860 mL 사용했다면 남은 식용유는 몇 L 몇 mL일까요? **(6점)**

5 다은이와 정민이가 산 음료의 양입니다. 누가 산 음료의 양이 몇 mL 더 많은지 구하세요. **(7점)**

	다은	정민
주스	800 mL	650 mL
우유	1 L 200 mL	1 L 600 mL

답 ...., ...

6 수지와 민혁이가 주운 밤의 무게는 모두 15 kg입니다. 민혁이가 주운 밤의 무게는 수지가 주운 밤의 무게보다 1 kg 더 무겁습니다. 민혁이가 주운 밤의 무게는 몇 kg일까요? **(7점)**

답 ....

7 짐을 2 t까지 실을 수 있는 트럭이 있습니다. 이 트럭에 20 kg짜리 쌀을 80봉지 실었다면 몇 kg을 더 실을 수 있을까요? **(7점)**

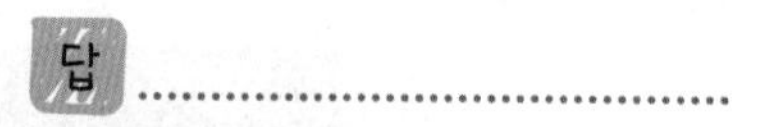

8 책 1권을 빈 상자에 넣어 무게를 재었더니 1 kg 400 g이었습니다. 여기에 똑같은 무게의 책 1권을 더 넣어 무게를 재었더니 2 kg 300 g이 되었습니다. 빈 상자의 무게는 몇 g일까요? **(8점)**

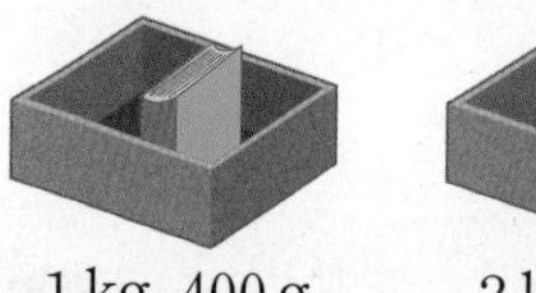

1 kg 400 g

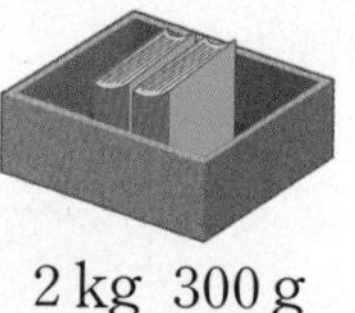

2 kg 300 g

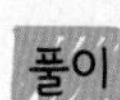

답 ....

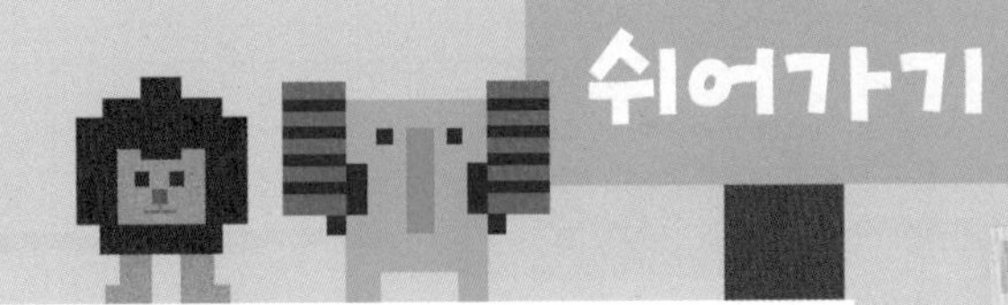

다람쥐의 우산을 찾아 ○표 해 주세요.

비 오는 날, 다람쥐가 우산을 쓰고 나왔어요.
그런데 잠깐 도토리를 주우러 간 사이, 친구들 우산이랑 섞였어요.
우산을 들고 있는 다람쥐의 사진을 보고 다람쥐의 우산을 찾아 주세요.

메모

6권 끝!
7권에서 만나요

앗!

본책의 정답과 풀이를 분실하셨나요?
길벗스쿨 홈페이지에 들어오시면
내려받으실 수 있습니다.
http://school.gilbut.co.kr/

기적의 수학 문장제

정답 풀이

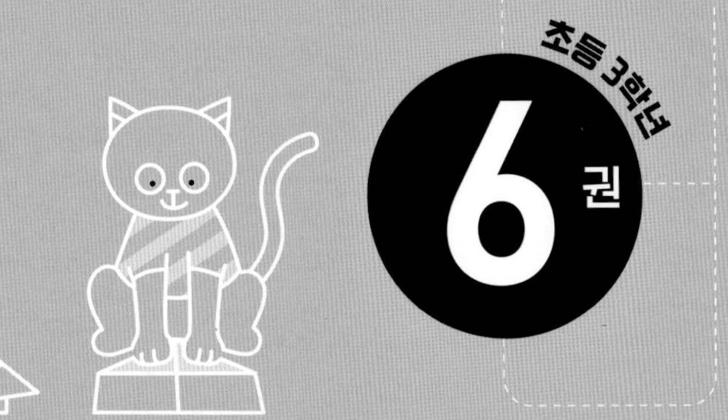

차례

1. 곱셈

서술형 문제의 풀이, 이렇게 쓰면 만점!
그런데 너희가 쓴 풀이와 조금 다르다고?
또, 제시된 풀이와 다른 방법으로 풀었다고?
괜찮아. 중요한 설명이 모두 맞았다면 OK!

1 DAY 개념 확인하기

(세 자리 수)×(한 자리 수)

1 수 모형을 보고 213×3을 계산해 보세요.

일 모형 : 3×3= 9
십 모형 : 10×3= 30
백 모형 : 200×3= 600
→ 639
→ 213×3= 639

2 계산해 보세요.

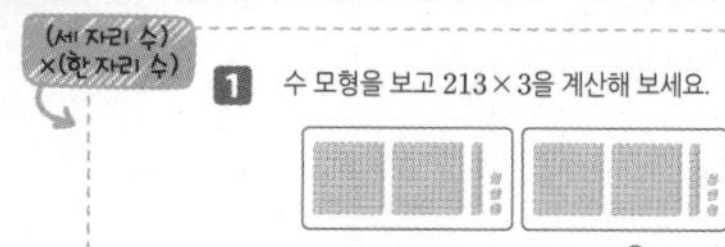

(1) 251 × 4 = 1004
(2) 427 × 5 = 2135
(3) 124×3= 372
(4) 921×4= 3684

(몇십)×(몇십) (몇십몇)×(몇십)

3 빈 곳에 알맞은 수를 써넣으세요.

(1) 2×4=8, 20×40= 800
(2) 13×5=65, 13×50= 650

4 계산해 보세요.

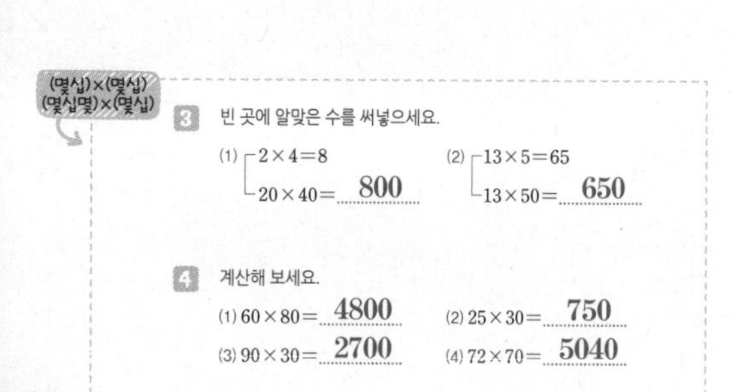

(1) 60×80= 4800
(2) 25×30= 750
(3) 90×30= 2700
(4) 72×70= 5040

(몇)×(몇십몇)

5 빈 곳에 알맞은 수를 써넣으세요.

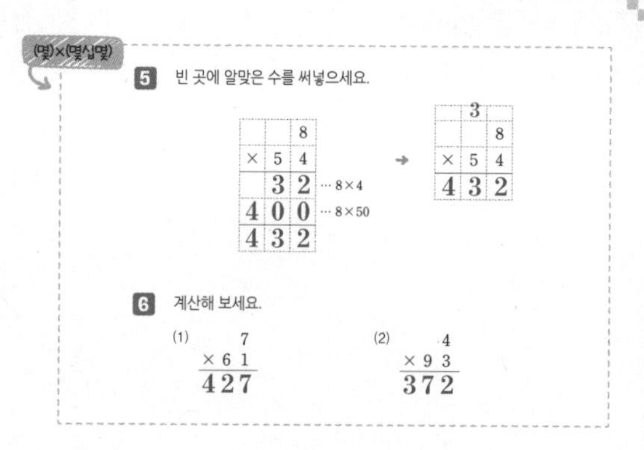

8 × 54: 32 ··· 8×4, 400 ··· 8×50, 432 → 8 × 54 = 432 (올림 3)

6 계산해 보세요.

(1) 7 × 61 = 427
(2) 4 × 93 = 372

(몇십몇)×(몇십몇)

7 빈 곳에 알맞은 수를 써넣으세요.

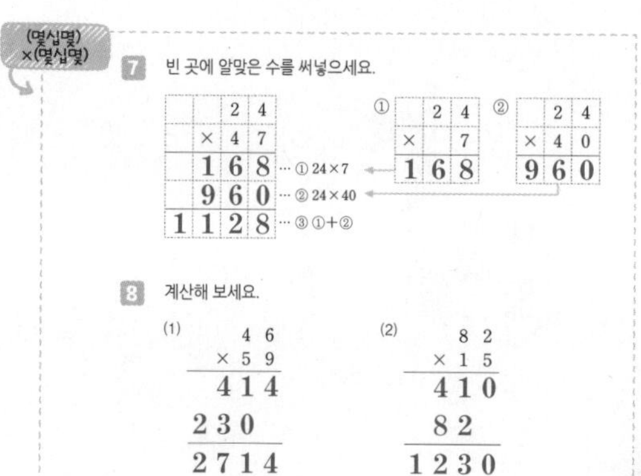

24 × 47: 168 ··· ① 24×7, 960 ··· ② 24×40, 1128 ··· ③ ①+②
① 24 × 7 = 168
② 24 × 40 = 960

8 계산해 보세요.

(1) 46 × 59: 414, 230, 2714
(2) 82 × 15: 410, 82, 1230

14쪽 15쪽

2 DAY 곱셈을 이용하여 전체의 값 구하기

대표 문제 1

길벗 미술관의 어린이 입장료는 550원입니다. 어린이 3명이 미술관에 들어가려면 얼마를 내야 할까요?

문제읽고
❶ 구하는 것에 밑줄 치고, 주어진 것에 ○표 하세요.
❷ 3명의 입장료를 구하려면 어떻게 해야 하나요?
입장료는 550 원씩 3 명 → 550과 3을 (더합니다 , 곱합니다)

풀이쓰고
❸ 식을 쓰세요.
(어린이 3명의 입장료) = (한 명의 입장료) (+ , ×) (어린이 수)
= 550 (+ , ×) 3
= 1650 (원)

❹ 답을 쓰세요.
어린이 3명이 미술관에 들어가려면 1650원 을 내야 합니다.

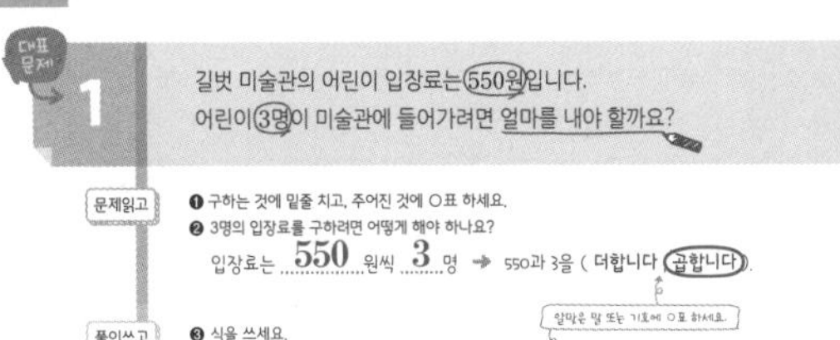

한 번 더 OK 2

한 상자에 40개씩 들어 있는 배가 39상자 있습니다. 배는 모두 몇 개일까요?

문제읽고
❶ 구하는 것에 밑줄 치고, 주어진 것에 ○표 하세요.
❷ 배가 모두 몇 개인지 구하려면 어떻게 해야 하나요?
배는 40 개씩 39 상자 → 40과 39를 (더합니다 , 곱합니다)

풀이쓰고
❸ 식을 쓰세요.
(배의 수) = (한 상자의 배의 수) (+ , ×) (상자 수)
= 40 (+ , ×) 39
= 1560 (개)

❹ 답을 쓰세요.
배는 모두 1560개 입니다.

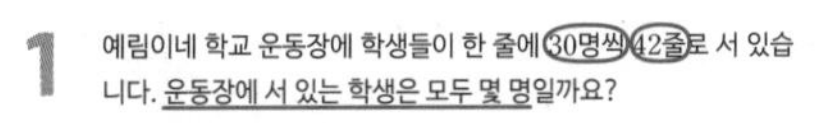

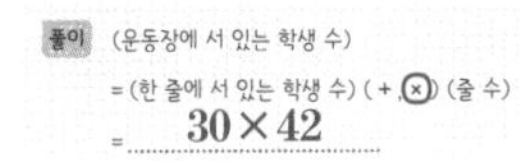

대표 문제 3

다음은 민주네 학교 3학년의 반별 학생 수를 나타낸 것입니다. 색종이를 3학년 전체 학생에게 4장씩 나누어 주려고 합니다. 색종이는 모두 몇 장 필요할까요?

반	1	2	3	4	5	합계
학생 수(명)	23	22	25	24	22	116

문제읽고
❶ 구하는 것에 밑줄 치고, 주어진 것에 ○표 하세요.

풀이쓰고
❷ 3학년 전체 학생은 모두 몇 명인가요? 116 명
❸ 색종이는 모두 몇 장 필요한지 구하세요.
(필요한 색종이 수) = (한 학생에게 주는 색종이 수) (+ , ×) (학생 수)
= 4 (+ , ×) 116 = 464 (장)
❹ 답을 쓰세요. 색종이는 모두 464장 필요합니다.

한 단계 UP 4

어느 제과점에서 지난 한 달 동안 매주 월요일, 수요일, 금요일에 식빵을 각각 78개씩 만들었습니다. 제과점에서 지난 한 달 동안 식빵을 모두 몇 개 만들었을까요?

지난달 달력

일	월	화	수	목	금	토
	1	2	3	4	5	6
7	8	9	10	11	12	13
14	15	16	17	18	19	20
21	22	23	24	25	26	27
28	29	30	31			

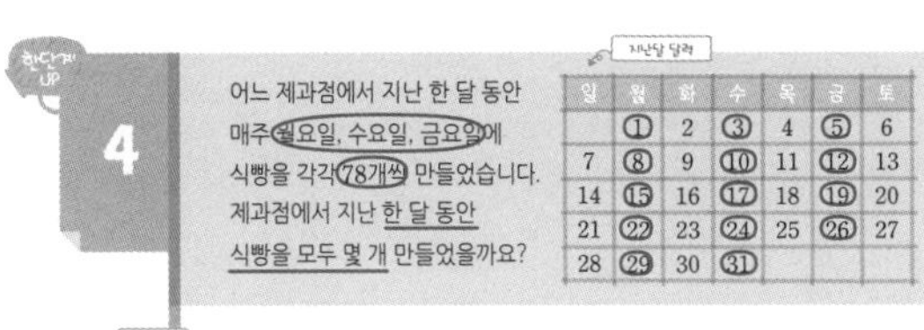

문제읽고
❶ 구하는 것에 밑줄 치고, 주어진 것에 ○표 하세요.
❷ 달력에서 월요일, 수요일, 금요일 날짜에 ○표 하세요.

풀이쓰고
❸ 지난 한 달 동안 월요일, 수요일, 금요일은 모두 며칠 있었나요? 14 일
❹ 식빵을 모두 몇 개 만들었는지 구하세요.
(만든 식빵 수) = (하루에 만든 식빵 수) (+ , ×) (만든 날수)
= 78 (+ , ×) 14 = 1092 (개)
❺ 답을 쓰세요. 식빵을 모두 1092개 만들었습니다.

문장제 실력쌓기 1

1 예림이네 학교 운동장에 학생들이 한 줄에 30명씩 42줄로 서 있습니다. 운동장에 서 있는 학생은 모두 몇 명일까요?

문제읽기 CHECK
- 구하는 것에 밑줄, 주어진 것에 ○표!
- 운동장에 서 있는 학생은? 30 명씩 42 줄

풀이 (운동장에 서 있는 학생 수)
= (한 줄에 서 있는 학생 수) (+ , ×) (줄 수)
= 30×42
= 1260 (명)

답 1260명

2 정민이네 집에서 학교까지의 거리는 154 m입니다. 정민이네 집에서 시장까지의 거리는 학교까지 거리의 3배입니다. 정민이네 집에서 시장까지의 거리는 몇 m일까요?

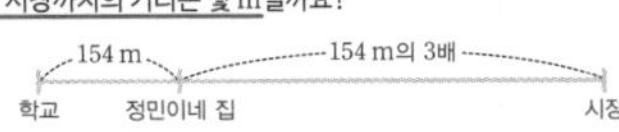

문제읽기 CHECK
- 구하는 것에 밑줄, 주어진 것에 ○표!
- 정민이네 집에서 학교까지의 거리는? 154 m
- 정민이네 집에서 시장까지의 거리는? 154 m의 3 배

풀이 (정민이네 집에서 시장까지의 거리)
=(정민이네 집에서 학교까지의 거리)$\times$3
$=154\times3$
$=462$ (m)

답 462 m

3 다음은 이번 달 달력입니다. 재현이는 한 달 동안 매주 토요일, 일요일마다 거리가 582 m인 공원을 산책하려고 합니다. 재현이가 이번 달 동안 산책할 거리는 모두 몇 m일까요?

일	월	화	수	목	금	토
				1	2	3
4	5	6	7	8	9	10
11	12	13	14	15	16	17
18	19	20	21	22	23	24
25	26	27	28	29	30	31

문제읽기 CHECK
- 구하는 것에 밑줄, 주어진 것에 ○표!
- 달력에서 토요일, 일요일 날짜에 ○표!
- 하루에 산책하는 거리는? 582 m

풀이 ❶ 이번 한 달 동안 토요일과 일요일은 모두 며칠인가요?
9일
❷ 이번 한 달 동안 산책할 거리는 모두 몇 m인지 구하세요.
(산책할 거리)=(하루에 산책하는 거리)$\times$(산책하는 날수)
$=582\times9=5238$ (m)

답 5238 m

도전 4 준우네 학교에서 운동회 기념 선물로 전체 학생에게 물병을 한 개씩 나누어 주려고 합니다. 각 학년의 학급 수는 다음과 같고, 각 반의 학생은 24명씩입니다. 물병을 모두 몇 개 준비해야 할까요?

학년	1	2	3	4	5	6
학급 수(반)	5	6	6	4	5	5

문제읽기 CHECK
- 구하는 것에 밑줄, 주어진 것에 ○표!
- 한 반의 학생 수는? 24 명

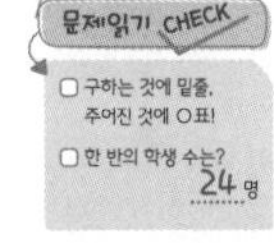

풀이 ❶ 전체 학급은 몇 반인지 구하세요.
(전체 학급 수)=(1학년부터 6학년까지 학급 수)
$=5+6+6+4+5+5=31$(반)
❷ 물병을 모두 몇 개 준비해야 하는지 구하세요.
(준비해야 하는 물병 수)=(한 반 학생 수)$\times$(전체 학급 수)
$=24\times31=744$(개)

답 744개

3 DAY 곱셈을 두 번 하여 전체의 값 구하기

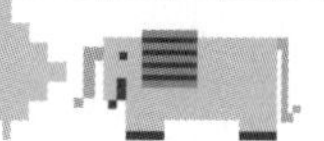

대표 문장제 익히기 2 월 일

1
승빈이는 책을 매일 아침, 점심, 저녁에 각각 65쪽씩 읽으려고 합니다. 승빈이가 책을 5일 동안 읽으면 모두 몇 쪽을 읽게 될까요?

문제읽고
❶ 무엇을 구하는 문제인가요? 구하는 것에 밑줄 치세요.
❷ 주어진 것은 무엇인가요? ○표 하고 답하세요.
한 번에 읽는 쪽수 : 65 쪽, 하루에 읽는 횟수 : 3 번, 읽는 날수 : 5 일

풀이쓰고
❸ 하루에 읽는 쪽수를 구하세요.
(하루에 읽는 쪽수) = (한 번에 읽는 쪽수) (+, ⊗) (읽는 횟수)
= 65 (+, ⊗) 3 = 195 (쪽)
❹ 5일 동안 읽는 쪽수를 구하세요.
(5일 동안 읽는 쪽수) = (하루에 읽는 쪽수) (+, ⊗) (읽는 날수)
= 195 (+, ⊗) 5 = 975 (쪽)
❺ 답을 쓰세요. 승빈이는 책을 5일 동안 모두 975쪽 읽게 됩니다.

2
수지네 가족은 땅콩을 하루에 25개씩 먹으려고 합니다. 4주일 동안 먹는 땅콩은 모두 몇 개일까요?

문제읽고
❶ 무엇을 구하는 문제인가요? 구하는 것에 밑줄 치세요.
❷ 주어진 것은 무엇인가요? ○표 하고 답하세요.
하루에 먹는 땅콩 수 : 25 개, 먹는 날수 : 4 주일

풀이쓰고
❸ 4주일은 며칠인지 구하세요.
1주일은 7 일이므로 (4주일) = 7 × 4 = 28 (일)입니다.
❹ 4주일 동안 먹는 땅콩은 모두 몇 개인지 구하세요.
(4주일 동안 먹는 땅콩 수) = (하루에 먹는 땅콩 수) (+, ⊗) (먹는 날수)
= 25 (+, ⊗) 28 = 700 (개)
❺ 답을 쓰세요. 4주일 동안 먹는 땅콩은 모두 700개 입니다.

20쪽

3
객실 한 칸의 좌석 배치도가 다음과 같은 고속 철도가 있습니다. 이 고속 철도의 객실이 14칸이라면 좌석은 모두 몇 개 있을까요?

문제읽고
❶ 무엇을 구하는 문제인가요? 구하는 것에 밑줄 치세요.
❷ 주어진 것은 무엇인가요? ○표 하고 답하세요.
객실 한 칸의 좌석 수 : 4 개씩 16 줄, 객실 칸 수 : 14 칸

풀이쓰고
❸ 객실 한 칸의 좌석은 몇 개인지 구하세요.
(한 칸의 좌석 수) = 4 (+, ⊗) 16 = 64 (개)
❹ 고속 철도의 좌석은 모두 몇 개인지 구하세요.
(전체 좌석 수) = (한 칸의 좌석 수) (+, ⊗) (칸 수)
= 64 (+, ⊗) 14 = 896 (개)
❺ 답을 쓰세요. 좌석은 모두 896개 있습니다.

4
우진이네 학교에는 1층부터 5층까지 각 층마다 교실이 6개씩 있습니다. 각 교실마다 의자가 38개씩 있다면 우진이네 학교 교실에 있는 의자는 모두 몇 개일까요?

문제읽고
❶ 무엇을 구하는 문제인가요? 구하는 것에 밑줄 치세요.
❷ 주어진 것은 무엇인가요? ○표 하고 답하세요.
교실 수 : 6 개씩 5 층, 한 교실에 있는 의자 수 : 38 개

풀이쓰고
❸ 교실은 모두 몇 개인지 구하세요.
(전체 교실 수) = 6 (+, ⊗) 5 = 30 (개)
❹ 교실에 있는 의자는 모두 몇 개인지 구하세요.
(전체 의자 수) = (한 교실에 있는 의자 수) (+, ⊗) (전체 교실 수)
= 38 (+, ⊗) 30 = 1140 (개)
❺ 답을 쓰세요. 우진이네 학교 교실에 있는 의자는 모두 1140개 입니다.

21쪽

문장제 실력쌓기 2

1
시헌이네 양계장에서 닭들이 하루에 먹는 모이의 양은 34 kg입니다. 닭들이 9주일 동안 먹는 모이의 양은 모두 몇 kg일까요?

kg은 무게의 단위로 '킬로그램'이라고 읽습니다.

문제읽기 CHECK
□ 구하는 것에 밑줄, 주어진 것에 ○표!
□ 닭들이 하루에 먹는 모이의 양은? 34 kg
□ 1주일은 며칠? 7 일

풀이
❶ 9주일은 며칠인지 구하세요.
(9주일) = 7 (+, ⊗) 9 = 63 (일)
❷ 9주일 동안 먹는 모이의 양은 모두 몇 kg인지 구하세요.
(9주일 동안 먹는 모이의 양)
= (하루에 먹는 모이의 양) (+, ⊗) (먹는 날수)
= 34×63
= 2142 (kg)

답 2142 kg

2
자전거 공장에서 자전거를 한 시간에 12대씩 만듭니다. 이 공장에서 하루 8시간씩 자전거를 만들면 28일 동안 만들 수 있는 자전거는 모두 몇 대일까요?

문제읽기 CHECK
□ 구하는 것에 밑줄, 주어진 것에 ○표!
□ 하루에 만드는 자전거는? 12 대씩 8 시간
□ 자전거를 만드는 날수는? 28 일

풀이
❶ 하루에 만들 수 있는 자전거는 몇 대인지 구하세요.
(하루에 만들 수 있는 자전거 수)
=(한 시간에 만드는 자전거 수)×(자전거를 만드는 시간)
=12×8=96(대)
❷ 28일 동안 만들 수 있는 자전거는 모두 몇 대인지 구하세요.
(28일 동안 만들 수 있는 자전거 수)
=(하루에 만드는 자전거 수)×(만드는 날수)
=96×28=2688(대)

답 2688대

3
어느 아파트 한 개 동에는 1층에서 20층까지 각 층에 12가구씩 살고 있습니다. 이 아파트 8개 동에는 모두 몇 가구가 살고 있을까요?

문제읽기 CHECK
□ 구하는 것에 밑줄, 주어진 것에 ○표!
□ 아파트 한 동에 살고 있는 가구는? 12 가구씩 20 층
□ 아파트는 모두 몇 동? 8 동

풀이
❶ 아파트 한 동에는 몇 가구가 살고 있는지 구하세요.
(아파트 한 동에 살고 있는 가구 수)
=(한 층에 살고 있는 가구 수)×(층 수)
=12×20=240(가구)
❷ 아파트 8개 동에는 모두 몇 가구가 살고 있는지 구하세요.
(아파트 8개 동에 살고 있는 가구 수)
=(아파트 한 동에 살고 있는 가구 수)×(아파트 동 수)
=240×8=1920(가구)

답 1920가구

4

어느 케이블카는 한 시간 동안 6번 운행되고, 한 번에 최대 36명까지 탈 수 있습니다. 이 케이블카를 5시간 동안 운행할 때 케이블카를 이용할 수 있는 사람은 최대 몇 명일까요?

문제읽기 CHECK
□ 구하는 것에 밑줄, 주어진 것에 ○표!
□ 1시간 동안 케이블카를 이용할 수 있는 최대 정원은? 36 명씩 6 번
□ 케이블카를 운행하는 시간은? 5 시간

풀이
❶ 1시간 동안 케이블카를 이용할 수 있는 사람은 최대 몇 명인지 구하세요.
(1시간 동안 케이블카를 이용할 수 있는 최대 정원)
=(케이블카 최대 정원)×(1시간 동안 운행 횟수)
=36×6=216(명)
❷ 5시간 동안 케이블카를 이용할 수 있는 사람은 최대 몇 명인지 구하세요.
(5시간 동안 케이블카를 이용할 수 있는 최대 정원)
=(1시간 동안 케이블카를 이용할 수 있는 최대 정원)×(운행 시간)
=216×5=1080(명)

답 1080명

22쪽

23쪽

4 DAY 곱셈식의 합 또는 차 구하기

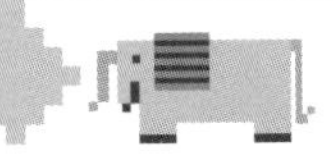

대표 문제 익히기 3 월 일

대표문제 1

영어 단어를 소이는 하루에 20개씩 20일 동안 외우고, 지호는 하루에 15개씩 31일 동안 외웠습니다. 두 사람이 외운 영어 단어는 모두 몇 개일까요?

문제읽고
❶ 구하는 것에 밑줄 치고, 주어진 것에 ○표 하세요.
❷ 두 사람이 외운 영어 단어의 수를 구하려면 어떻게 해야 하나요?
소이가 외운 단어 수와 지호가 외운 단어 수를 (더합니다, 뺍니다).

풀이쓰고
❸ 소이와 지호가 외운 단어는 몇 개인지 각각 구하세요.
(소이가 외운 단어 수) = 20 (+, ×) 20 = 400 (개)
(지호가 외운 단어 수) = 15 (+, ×) 31 = 465 (개)
❹ 두 사람이 외운 단어는 모두 몇 개인지 구하세요.
(두 사람이 외운 단어 수) = 400 (+, −) 465 = 865 (개)
❺ 답을 쓰세요. 두 사람이 외운 영어 단어는 모두 865개 입니다.

한번 더 OK 2

아버지께서 타일을 550개 사 오셨습니다. 현관 바닥에 타일을 가로로 14개씩 세로로 23줄 붙였다면 타일은 몇 개 남았을까요?

문제읽고
❶ 구하는 것에 밑줄 치고, 주어진 것에 ○표 하세요.
❷ 남은 타일의 수를 구하려면 어떻게 해야 하나요?
사 온 타일 수 550 개에서 붙인 타일 수를 (더합니다, 뺍니다).

풀이쓰고
❸ 현관 바닥에 붙인 타일은 몇 개인지 구하세요.
(붙인 타일 수)
= (가로로 붙인 타일 수) (+, ×) (세로로 붙인 줄 수)
= 14 (+, ×) 23 = 322 (개)
❹ 남은 타일은 몇 개인지 구하세요.
(남은 타일 수) = (사 온 타일 수) (+, −) (붙인 타일 수)
= 550 (+, −) 322 = 228 (개)
❺ 답을 쓰세요. 타일은 228개 남았습니다.

대표문제 3

건우네 가족은 간식으로 삶은 감자 12개와 사과 5개를 먹었습니다. 식품별 열량이 다음과 같은 때 건우네 가족이 먹은 간식의 열량은 모두 얼마일까요?

간식	열량(킬로칼로리)
사과 1개	145
바나나 1개	88
삶은 감자 1개	75
삶은 고구마 1개	150

식품을 먹었을 때 몸속에서 발생하는 에너지의 양을 '열량'이라고 해요.

문제읽고
❶ 구하는 것에 밑줄 치고, 주어진 것에 ○표 하세요.
❷ 건우네 가족이 먹은 간식의 열량을 구하려면 어떻게 해야 하나요?
삶은 감자 12개의 열량과 사과 5개의 열량을 (더합니다, 뺍니다).

풀이쓰고
❸ 삶은 감자 12개와 사과 5개의 열량을 각각 구하세요.
(삶은 감자 12개의 열량) = 75 (+, ×) 12 = 900 (킬로칼로리)
(사과 5개의 열량) = 145 (+, ×) 5 = 725 (킬로칼로리)
❹ 먹은 간식의 열량을 구하세요.
(먹은 간식의 열량)
= (삶은 감자 12개의 열량) (+, −) (사과 5개의 열량)
= 900 (+, −) 725 = 1625 (킬로칼로리)
❺ 답을 쓰세요. 먹은 간식의 열량은 모두 1625 킬로칼로리 입니다.

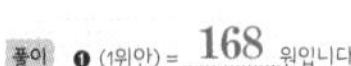

위의 표에서 문제를 푸는 데 필요한 것은 삶은 감자 1개의 열량과 사과 1개의 열량이에요.

문장제 실력쌓기 3

1 훈이가 저금통을 열었더니 50원짜리 동전 27개와 500원짜리 동전 3개가 있었습니다. 저금통에 들어 있던 돈은 모두 얼마일까요?

풀이
❶ (50원짜리 동전의 금액) = 50 × 27 = 1350 (원)
❷ (500원짜리 동전의 금액) = 500 × 3 = 1500 (원)
❸ (저금통에 들어 있던 돈)
= (50원짜리 동전의 금액) (+, −) (500원짜리 동전의 금액)
= 1350＋1500
= 2850 (원)

답 2850원

문제읽기 CHECK
□ 구하는 것에 밑줄, 주어진 것에 ○표!
□ 50원짜리 동전 수는? 27 개
□ 500원짜리 동전 수는? 3 개

2 운동장에 3학년과 4학년 학생들이 나와서 줄을 섰습니다. 3학년은 한 줄에 24명씩 19줄로 섰고, 4학년은 한 줄에 26명씩 20줄로 섰습니다. 어느 학년 학생이 몇 명 더 많을까요?

풀이 ❶ 3학년 학생은 몇 명인지 구하세요.
(3학년 학생 수)＝24×19＝456(명)

❷ 4학년 학생은 몇 명인지 구하세요.
(4학년 학생 수)＝26×20＝520(명)

❸ 어느 학년 학생이 몇 명 더 많은지 구하세요.
456 < 520이므로
4학년 학생이 520－456＝64(명) 더 많습니다.

답 4학년, 64명

문제읽기 CHECK
□ 구하는 것에 밑줄, 주어진 것에 ○표!
□ 3학년 학생은? 24 명씩 19 줄
□ 4학년 학생은? 26 명씩 20 줄

3 중국에 다녀오신 삼촌께서 윤정이에게 중국 돈 5위안과 우리나라 돈 5000원을 용돈으로 주셨습니다. 윤정이가 은행에 간 날 중국 돈 1위안은 우리나라 돈 168원과 같았습니다. 윤정이가 받은 용돈은 우리나라 돈으로 얼마일까요?

풀이
❶ (1위안) = 168 원입니다.
❷ 5위안은 1위안의 5 배이므로
(5위안) = (1위안) × 5 = 168 × 5 = 840 (원)
❸ (윤정이가 받은 용돈) = 840＋5000
= 5840 (원)

답 5840원

문제읽기 CHECK
□ 구하는 것에 밑줄, 주어진 것에 ○표!
□ 윤정이가 받은 용돈은? 5 위안과 ∨ 원 5000
□ 1위안은 우리나라 돈으로 얼마? 168 원

도전 **4** 지예와 친구들이 미숫가루 5컵, 우유 11컵을 마셨습니다. 미숫가루와 우유의 영양 성분이 다음과 같을 때, 지예와 친구들이 마신 미숫가루와 우유에 들어 있는 탄수화물은 모두 몇 g일까요?

미숫가루 1컵

성분	양(g)
탄수화물	152
단백질	29
지방	11

우유 1컵

성분	양(g)
탄수화물	11
단백질	6
지방	7

풀이 ❶ 미숫가루 5컵에 들어 있는 탄수화물은 몇 g인지 구하세요.
152×5＝760 (g)
❷ 우유 11컵에 들어 있는 탄수화물은 몇 g인지 구하세요.
11×11＝121 (g)
❸ 지예와 친구들이 마신 미숫가루와 우유에 들어 있는 탄수화물은 모두 몇 g인지 구하세요.
760＋121＝881 (g)

답 881 g

문제읽기 CHECK
□ 구하는 것에 밑줄, 주어진 것에 ○표!
□ 미숫가루 5컵에 들어 있는 탄수화물은? 152 g씩 5 컵
□ 우유 11컵에 들어 있는 탄수화물은? 11 g씩 11 컵

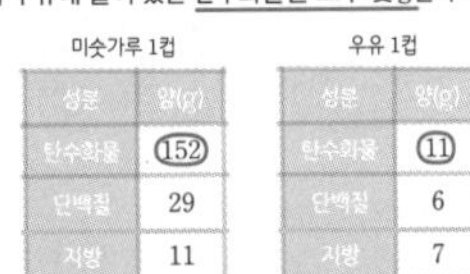

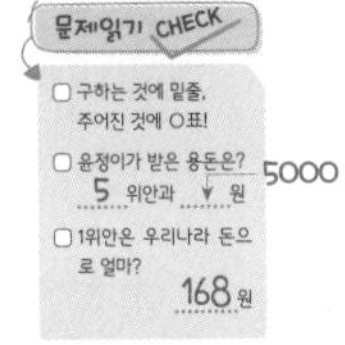

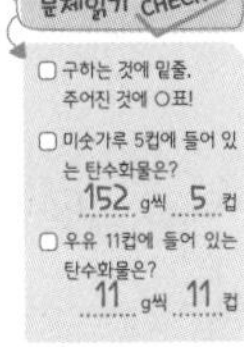

5 DAY 수 카드와 어떤 수 문제

대표 문장제 익히기 4 월 일

대표 문제 **1** 수 카드 ①, ②, ⑤, ⑧ 중 2장을 사용하여 계산 결과가 가장 큰 곱셈식을 만들려고 합니다. ㉠, ㉡에 알맞은 수를 구하세요.

(㉠ × 3 ㉡)

문제읽고 ❶ 구하는 것에 밑줄 치고, 주어진 것에 ○표 하세요.

❷ 곱이 가장 큰 곱셈식을 만들려면 어떤 수 카드를 사용해야 할까요?
큰 수끼리 곱할수록 곱이 크므로
수가 (큰, 작은) 카드부터 2장을 사용합니다. → (1, 2, 5, 8)

풀이쓰고 ❸ ㉠, ㉡에 수 카드를 넣어 곱셈식을 만들어 계산하고, 곱의 크기를 비교하세요.

$5 \times 38 = 190$ < $8 \times 35 = 280$

(십의 자리끼리 곱하는 수가 클수록 곱이 크므로 ㉡에 가장 큰 수, ㉡에 두 번째로 큰 수를 써요.)
(크기를 비교하여 >, <로 나타내요.)

따라서 계산 결과가 가장 큰 곱셈식은 8 × 35 입니다.

❹ 답을 쓰세요. ㉠에 알맞은 수는 8, ㉡에 알맞은 수는 5 입니다.

한 번 더 OK **2** 수 카드 ③, ⑨, ⑤를 한 번씩만 사용하여 계산 결과가 가장 작은 곱셈식을 만들어 보세요.

(㉠㉡ × 4㉢)

문제읽고 ❶ 구하는 것에 밑줄 치고, 주어진 것에 ○표 하세요.

❷ 곱이 가장 작은 곱셈식을 만들려면 어떻게 해야 하나요?
곱이 가장 작으려면 십의 자리에 가장 (큰, 작은) 수를 써야 합니다.
→ ㉠에 가장 (큰, 작은) 수 3 을 놓습니다.

풀이쓰고 ❸ ㉠, ㉡, ㉢에 수 카드를 넣어 곱셈식을 만들어 계산하고, 곱의 크기를 비교하세요.

$39 \times 45 = 1755$ > $35 \times 49 = 1715$

❹ 답을 쓰세요. 계산 결과가 가장 작은 곱셈식은 35×49 입니다.

28쪽

대표 문제 **3** 어떤 수와 41의 합은 100입니다. 어떤 수에 41을 곱하면 얼마가 될까요?

문제읽고 ❶ 구하는 것에 밑줄 치고, 주어진 것에 ○표 하세요.

풀이쓰고 ❷ 어떤 수를 ■라고 하여 식을 만드세요.
어떤 수와 41의 합은 100입니다. → ■ (+, ×) 41 = 100

❸ 어떤 수 ■를 구하세요.
■ + 41 = 100 → ■ = 100 (+, −) 41 = 59

❹ 어떤 수에 41을 곱하면 얼마인지 구하세요.
(어떤 수) × 41 = 59 × 41 = 2419

❺ 답을 쓰세요.
어떤 수에 41을 곱하면 2419 가 됩니다.

한 단계 UP **4** 어떤 수에 39를 곱해야 할 것을 잘못하여 뺐더니 46이 되었습니다. 바르게 계산하면 얼마인지 구하세요.

문제읽고 ❶ 구하는 것에 밑줄 치고, 주어진 것에 ○표 하세요.

풀이쓰고 ❷ 어떤 수를 ■라고 하여 식을 만드세요.
어떤 수에서 39를 뺐더니 46이 되었습니다. → ■ (×, −) 39 = 46

❸ 어떤 수 ■를 구하세요.
■ − 39 = 46 → ■ = 46 (+, −) 39 = 85

❹ 바르게 계산하세요.
(어떤 수) × 39 = 85 × 39 = 3315

❺ 답을 쓰세요.
바르게 계산하면 3315 입니다.

29쪽

문장제 실력쌓기 4

1 수 카드 ④, ①, ⑤를 한 번씩만 사용하여 계산 결과가 가장 큰 곱셈식을 만들어 보세요.

(㉠㉡ × ㉢2)

문제읽기 CHECK
□ 구하는 것에 밑줄, 주어진 것에 ○표!
□ 수 카드를 큰 수부터 차례로 쓰면? 5 > 4 > 1

풀이 ❶ ㉠, ㉡, ㉢에 수 카드를 넣어 곱셈식을 만들고, 계산하세요.
곱이 가장 큰 곱셈식을 만들려면
십의 자리에 (큰, 작은) 수를 써야 합니다.
51 × 42 = 2142
41 × 52 = 2132

❷ 곱의 크기를 비교하여 계산 결과가 가장 큰 곱셈식을 구하세요.
2142 > 2132 이므로
계산 결과가 가장 큰 곱셈식은 51 × 42 입니다.

답 51×42

2 수 카드 ⑧, ②, ④를 한 번씩만 사용하여 계산 결과가 가장 작은 곱셈식을 만들려고 합니다. ㉠, ㉡, ㉢에 알맞은 수를 구하세요.

(3㉠ × ㉡㉢)

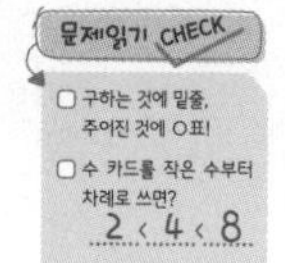

문제읽기 CHECK
□ 구하는 것에 밑줄, 주어진 것에 ○표!
□ 수 카드를 작은 수부터 차례로 쓰면?
2 < 4 < 8

풀이 ❶ ㉠, ㉡, ㉢에 수 카드를 넣어 곱셈식을 만들고, 계산하세요.
십의 자리에 가장 작은 수를 써야 하므로 ㉡=2입니다.
㉠, ㉢에 남은 수 카드 8, 4를 넣어 곱셈식을 만들고 계산하면
$38 \times 24 = 912$, $34 \times 28 = 952$

❷ 곱의 크기를 비교하여 계산 결과가 가장 작은 곱셈식을 구하세요.
$912 < 952$이므로 계산 결과가 가장 작은 곱셈식은
38×24 입니다. → ㉠=8, ㉡=2, ㉢=4

답 ㉠: 8, ㉡: 2, ㉢: 4

30쪽

3 63을 어떤 수로 나누었더니 9가 되었습니다. 306과 어떤 수의 곱을 구하세요.

문제읽기 CHECK
□ 구하는 것에 밑줄, 주어진 것에 ○표!
□ 63을 어떤 수로 나누면 얼마? 9

풀이 ❶ 어떤 수를 □라고 하여 식을 만드세요.
63을 어떤 수로 나누면 9가 되었습니다.
→ 63÷□=9

❷ 어떤 수 □를 구하세요.
63÷□=9 → 9×□=63, □=7

❸ 306과 어떤 수의 곱을 구하세요.
어떤 수는 7이므로
306×7=2142입니다.

답 2142

4 어떤 수에 25를 곱해야 할 것을 잘못하여 52를 더했더니 92가 되었습니다. 바르게 계산하면 얼마인지 구하세요.

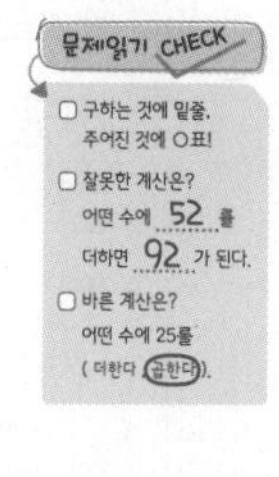

문제읽기 CHECK
□ 구하는 것에 밑줄, 주어진 것에 ○표!
□ 잘못한 계산은?
어떤 수에 52 를 더하면 92 가 된다.
□ 바른 계산은?
어떤 수에 25를 (더한다, 곱한다).

풀이 ❶ 어떤 수를 □라고 하여 식을 만드세요.
어떤 수에 52를 더하면 92가 됩니다.
→ □+52=92

❷ 어떤 수 □를 구하세요.
□+52=92 → □=92−52=40

❸ 바르게 계산하면 얼마인지 구하세요.
(어떤 수)×25=40×25=1000

답 1000

31쪽

정답

6 DAY 문장제 서술형 평가

월 일

1 풀이 ❶ (나누어 준 초콜릿 수)
=(한 명에게 준 초콜릿 수)×(나누어 준 학생 수)
$=12 \times 19$
❷ $=228$(개)

답 228개

채점기준

❶ 식을 세우면	3점
❷ 나누어 준 초콜릿의 수를 구하면	2점
	5점

2 풀이 ❶ (하루)$=24$시간
$=1$시간$\times 24$
$=60$분$\times 24$
❷$=1440$분

답 1440분

채점기준

❶ 식을 세우면	3점
❷ 하루가 몇 분인지 구하면	2점
	5점

3 풀이 ❶ 홍콩 돈 8달러는 홍콩 돈 1달러의 8배이므로
(머리끈의 값)=(홍콩 돈 8달러)=(홍콩 돈 1달러)×8
$=137 \times 8$
❷$=1096$(원)

답 1096원

채점기준

❶ 식을 세우면	3점
❷ 우리나라 돈으로 얼마인지 구하면	2점
	5점

4 풀이 ❶ (승강기에 실을 수 있는 최대 무게)
=(한 사람의 몸무게)×(최대 정원)
$=65 \times 18$
❷ $=1170$ (kg)

답 1170 kg

채점기준

❶ 식을 세우면	3점
❷ 승강기에 실을 수 있는 최대 무게를 구하면	2점
	5점

5 풀이 ❶ 어떤 수를 □라고 하여 잘못 계산한 식을 쓰면
□$+63=95$입니다.
❷ □$=95-63=32$
❸ 바른 계산 : (어떤 수)$\times 63=32 \times 63=2016$

답 2016

채점기준

❶ 어떤 수를 □라고 하여 식을 세우면	1점
❷ 어떤 수 □를 구하면	2점
❷ 바르게 계산한 값을 구하면	3점
	6점

주의 어떤 수를 먼저 구하고, 바르게 계산하여 답해야 합니다.

6 풀이 ❶ 곱이 가장 큰 곱셈식을 만들려면
십의 자리에 가장 큰 수인 7을 사용해야 합니다.
❷ $72 \times 15=1080$, $75 \times 12=900$이므로
곱이 가장 큰 곱셈식은 72×15입니다.

답 72×15

채점기준

❶ 곱해지는 수의 십의 자리 숫자를 구하면	3점
❷ 계산 결과가 가장 큰 곱셈식을 만들면	3점
	6점

참고 곱이 가장 크려면
곱해지는 수의 십의 자리에 가장 큰 수를 놓아야 합니다.

32쪽
33쪽

6 DAY

7 풀이 ❶ (달걀 7개의 열량) $= 130 \times 7 = 910$ (킬로칼로리)
(바나나 12개의 열량) $= 88 \times 12 = 1056$ (킬로칼로리)
(초코바 14개의 열량) $= 75 \times 14 = 1050$ (킬로칼로리)
❷ (전체 열량)
= (달걀 7개의 열량) + (바나나 12개의 열량) + (초코바 14개의 열량)
$= 910 + 1056 + 1050$
$= 3016$ (킬로칼로리)

답 **3016 킬로칼로리**

채점기준

❶ 달걀 7개, 바나나 12개, 초코바 14개의 열량을 각각 구하면	각 2점
❷ 일주일 동안 먹은 간식의 전체 열량을 구하면	1점
	7점

8 풀이 ❶ (겹친 부분이 없을 때 색 테이프 길이의 합)
= (색 테이프 한 장의 길이) × (이어 붙인 색 테이프 수)
$= 18 \times 27$
$= 486$ (cm)
❷ (겹친 부분의 길이의 합)
= (겹친 한 부분의 길이) × (겹친 부분의 수)
$= 5 \times 26$
$= 130$ (cm)
❸ (이어 붙인 색 테이프의 전체 길이)
$= 486 - 130$
$= 356$ (cm)

답 **356 cm**

채점기준

❶ 겹쳐진 부분이 없을 때 색 테이프 길이의 합을 구하면	3점
❷ 겹쳐진 부분의 길이의 합을 구하면	2점
❸ 이어 붙인 색 테이프의 전체 길이를 구하면	3점
	8점

참고 색 테이프 ▲장을 겹쳐서 이어 붙이면 겹친 부분은 (▲−1)군데입니다.

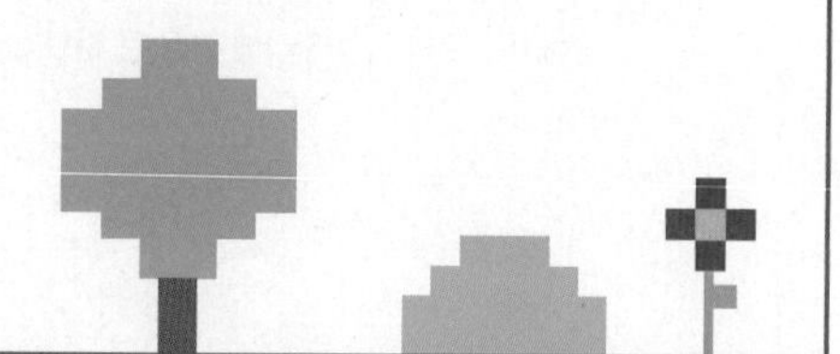

34쪽

할머니 댁에 가요
쉬어가기
선을 그어 길을 찾아주세요.
빨간 망토를 입고 할머니 댁에 가요.
숲속 길은 너무 복잡해서 언제나 헷갈려요.
늑대를 마주치지 않고 갈 수 있도록 다섯 가지 길 중 올바른 길을 찾아 주세요.

35쪽

수고하셨습니다. 다음 단원으로 넘어갈까요?

2. 나눗셈

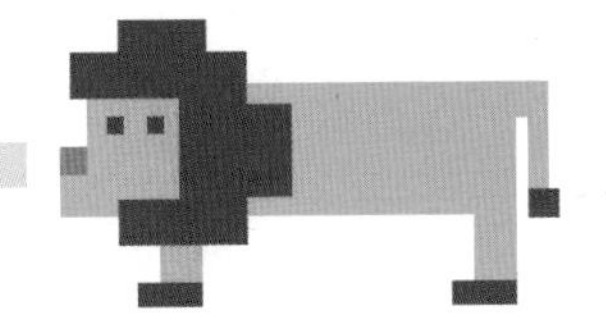

서술형 문제의 풀이, 이렇게 쓰면 만점!
그런데 너희가 쓴 풀이와 조금 다르다고?
또, 제시된 풀이와 다른 방법으로 풀었다고?
괜찮아. 중요한 설명이 모두 맞았다면 OK!

7 DAY 개념 확인하기

월 일

(몇십)÷(몇)

1 그림을 보고 빈 곳에 알맞은 수를 써넣으세요.

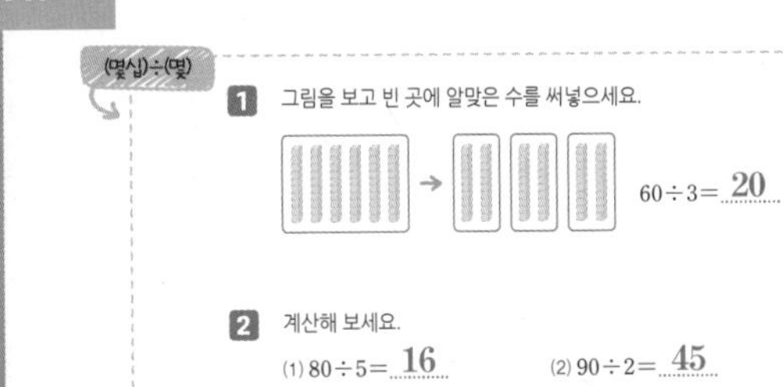

$60 \div 3 =$ 20

2 계산해 보세요.

(1) $80 \div 5 =$ 16 (2) $90 \div 2 =$ 45

(몇십몇)÷(몇)

3 나눗셈식을 보고 빈 곳에 알맞은 말을 써넣으세요.

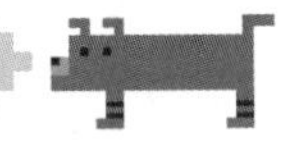

$17 \div 5 = 3 \cdots 2$

17을 5로 나누면 몫 은 3이고 2가 남습니다.
이때 2를 $17 \div 5$의 나머지 라고 합니다.

4 계산해 보세요.

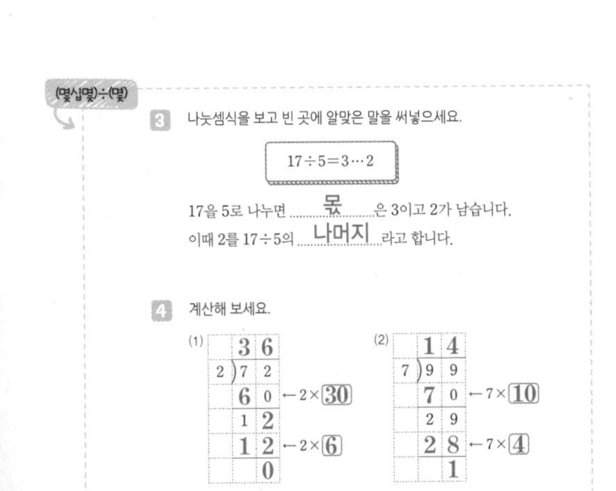

(1) $72 \div 2 = 36$: $2 \times 30 = 60$, 12, $2 \times 6 = 12$, 나머지 0

(2) $99 \div 7 = 14$: $7 \times 10 = 70$, 29, $7 \times 4 = 28$, 나머지 1

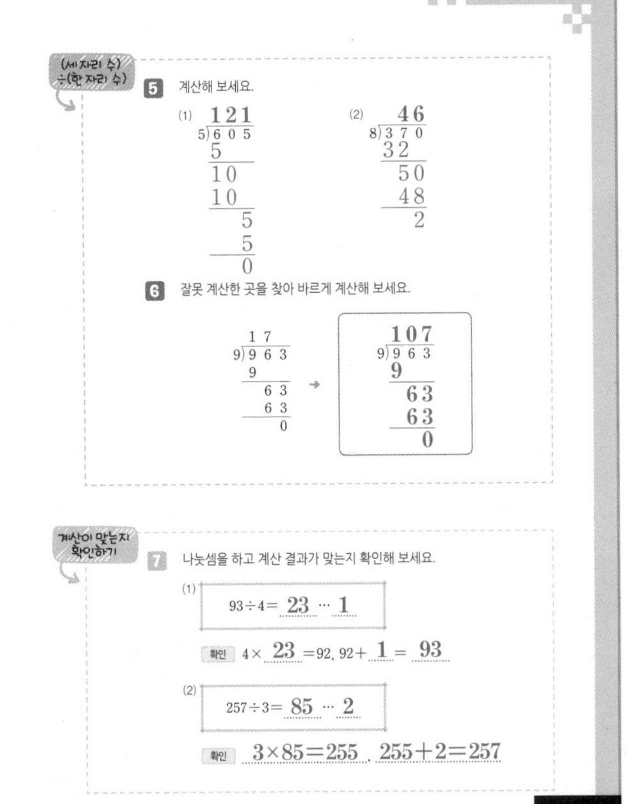

(세 자리 수)÷(한 자리 수)

5 계산해 보세요.

(1) $605 \div 5 = 121$ (5, 10, 10, 5, 5, 0)

(2) $370 \div 8 = 46$ (32, 50, 48, 2)

6 잘못 계산한 곳을 찾아 바르게 계산해 보세요.

$963 \div 9 = 17$ (9, 63, 63, 0) → $963 \div 9 = 107$ (9, 63, 63, 0)

계산이 맞는지 확인하기

7 나눗셈을 하고 계산 결과가 맞는지 확인해 보세요.

(1) $93 \div 4 =$ 23 ⋯ 1

확인 $4 \times$ 23 $= 92$, $92 +$ 1 $=$ 93

(2) $257 \div 3 =$ 85 ⋯ 2

확인 $3 \times 85 = 255$, $255 + 2 = 257$

38쪽

39쪽

8 DAY 나눗셈을 이용하여 몫 구하기

대표 문장제 익히기 1 월 일

대표 문제 **1**

풍선 78개를 한 사람에게 6개씩 나누어 주려고 합니다. 풍선을 몇 명에게 나누어 줄 수 있을까요?

문제읽고
❶ 무엇을 구하는 문제인가요? 구하는 것에 밑줄 치세요.
❷ 주어진 것은 무엇인가요? O표 하고 답하세요.
전체 풍선 수 : 78 개, 한 사람에게 주는 풍선 수 : 6 개

풀이쓰고
❸ 식을 쓰세요.
(나누어 줄 수 있는 사람 수) = (전체 풍선 수) (× ÷) (한 사람에게 주는 풍선 수)
= 78 (× ÷) 6 = 13 (명)
❹ 답을 쓰세요.
풍선을 13명 에게 나누어 줄 수 있습니다.

한번 더 OK **2**

초콜릿 392개를 한 상자에 8개씩 넣어서 포장하려고 합니다. 상자는 몇 개 필요할까요?

문제읽고
❶ 무엇을 구하는 문제인가요? 구하는 것에 밑줄 치세요.
❷ 주어진 것은 무엇인가요? O표 하고 답하세요.
전체 초콜릿 수 : 392 개, 한 상자에 넣는 초콜릿 수 : 8 개

풀이쓰고
❸ 식을 쓰세요.
(필요한 상자 수) = (전체 초콜릿 수) (× ÷) (한 상자에 넣는 초콜릿 수)
= 392 (× ÷) 8 = 49 (개)
❹ 답을 쓰세요.
상자는 49개 필요합니다.

대표 문제 **3**

합창단 학생 48명을 4모둠으로 똑같이 나누어 연습을 하려고 합니다. 한 모둠은 몇 명씩일까요?

문제읽고
❶ 무엇을 구하는 문제인가요? 구하는 것에 밑줄 치세요.
❷ 주어진 것은 무엇인가요? O표 하고 답하세요.
전체 학생 수 : 48 명, 똑같이 나누는 모둠 수 : 4 모둠

풀이쓰고
❸ 식을 쓰세요.
(한 모둠의 학생 수) = (전체 학생 수) (× ÷) (나누는 모둠 수)
= 48 (× ÷) 4 = 12 (명)
❹ 답을 쓰세요.
한 모둠은 12명 씩입니다.

한단계 UP **4**

선생님께서 길이가 378 cm인 색 테이프를 9 cm씩 모두 자른 다음, 자른 조각을 봉지 3개에 똑같이 나누어 담았습니다. 한 봉지에 들어 있는 색 테이프 조각은 몇 개일까요?

문제읽고
❶ 무엇을 구하는 문제인가요? 구하는 것에 밑줄 치세요.
❷ 주어진 것은 무엇인가요? O표 하고 답하세요.
전체 길이 : 378 cm, 한 조각의 길이 : 9 cm, 나누어 담은 봉지 수 : 3 개

풀이쓰고
❸ 9 cm씩 자른 조각은 몇 개인지 구하세요.
(자른 조각 수) = 378 (× ÷) 9 = 42 (개)
❹ 한 봉지에 들어 있는 조각은 몇 개인지 구하세요.
(한 봉지의 조각 수) = (자른 조각 수) (× ÷) (나누어 담은 봉지 수)
= 42 (× ÷) 3 = 14 (개)
❺ 답을 쓰세요.
한 봉지에 들어 있는 색 테이프 조각은 14개 입니다.

40쪽 41쪽

문장제 실력쌓기 1

1 현우네 학교 3학생 학생 65명이 케이블카를 타려고 합니다. 케이블카 한 대에 5명씩 탄다면 케이블카는 몇 대 필요할까요?

풀이 (필요한 케이블카 수)
= (전체 학생 수) (× ÷) (한 대에 타는 학생 수)
= 65÷5
= 13 (대)

답 13대

문제읽기 CHECK
- 구하는 것에 밑줄, 주어진 것에 O표!
- 케이블카에 타는 전체 학생 수는? 65 명
- 케이블카 한 대에 타는 학생 수는? 5 명

3 귤 574개를 상자 7개에 똑같이 나누어 담으려고 합니다. 한 상자에 귤을 몇 개씩 담아야 할까요?

풀이 (한 상자에 담아야 하는 귤 수)
=(전체 귤 수)÷(나누어 담는 상자 수)
=574÷7=82(개)

답 82개

문제읽기 CHECK
- 구하는 것에 밑줄, 주어진 것에 O표!
- 전체 귤 수는? 574 개
- 나누어 담는 상자 수는? 7 개

2 동물원에 있는 홍학의 다리를 모두 세었더니 30개였습니다. 홍학은 모두 몇 마리일까요?

풀이
(홍학 수)
=(홍학 전체의 다리 수)÷(홍학 한 마리의 다리 수)
=30÷2=15(마리)

답 15마리

문제읽기 CHECK
- 구하는 것에 밑줄, 주어진 것에 O표!
- 홍학 전체의 다리 수는? 30 개
- 홍학 1마리의 다리 수는? 2 개

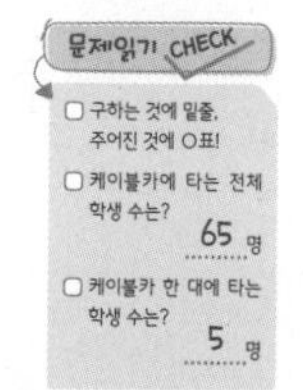

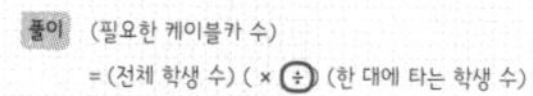

도전 **4** 물 864 mL를 물통 3개에 똑같이 나누어 담은 다음, 물통 한 개에 담긴 물을 컵 6개에 똑같이 나누어 담았습니다. 컵 한 개에 담긴 물은 몇 mL일까요?

풀이 ❶ 물통 한 개에 담긴 물은 몇 mL인지 구하세요.
(물통 한 개에 담긴 물의 양)
=(전체 물의 양)÷(물통의 수)
=864÷3=288 (mL)

❷ 컵 한 개에 담긴 물은 몇 mL인지 구하세요.
(컵 한 개에 담긴 물의 양)
=(물통 한 개에 담긴 물의 양)÷(컵의 수)
=288÷6=48 (mL)

답 48 mL

문제읽기 CHECK
- 구하는 것에 밑줄, 주어진 것에 O표!
- 전체 물의 양은? 864 mL
- 나누어 담은 물통 수는? 3 개
- 물통 한 개에 담긴 물을 나누어 담은 컵 수는? 6 개

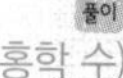

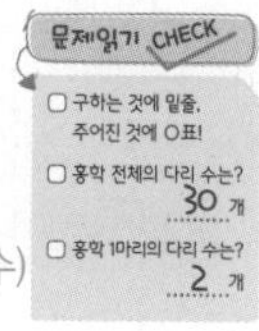

42쪽 43쪽

9 DAY 나눗셈을 이용하여 몫과 나머지 구하기

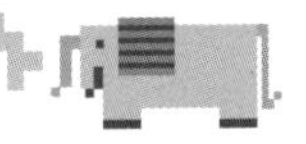

대표 문장제 익히기 2 월 일

1 색종이 47장을 한 명당 9장씩 나누어 주려고 합니다. 몇 명에게 나누어 줄 수 있고, 몇 장이 남을까요?

문제읽고
❶ 무엇을 구하는 문제인가요? 구하는 것에 밑줄 치세요.
❷ 주어진 것은 무엇인가요? ○표 하고 답하세요.
전체 색종이 수 : 47 장, 한 명에게 주는 색종이 수 : 9 장

풀이쓰고
❸ 색종이를 몇 명에게 나누어 줄 수 있고, 몇 장이 남는지 구하세요.
(전체 색종이 수) ÷ (한 명에게 주는 색종이 수)
= 47 ÷ 9 = 5 … 2
→ 색종이를 나누어 줄 수 있는 사람 수는 (몫, 나머지)이므로 5 명이고, 남는 색종이 수는 (몫, 나머지)이므로 2 장입니다.
❹ 답을 쓰세요.
색종이를 5명 에게 나누어 줄 수 있고, 2장 이 남습니다.

3 진영이는 245쪽짜리 문제집을 매일 8쪽씩 풀고 있습니다. 문제집을 모두 푸는 데 며칠이 걸릴까요?

문제읽고
❶ 무엇을 구하는 문제인가요? 구하는 것에 밑줄 치세요.
❷ 주어진 것은 무엇인가요? ○표 하고 답하세요.
전체 쪽수 : 245 쪽, 하루에 푸는 쪽수 : 8 쪽

풀이쓰고
❸ 문제집을 모두 푸는 데 며칠이 걸리는지 구하세요.
(전체 쪽수) ÷ (하루에 푸는 쪽수)
= 245 ÷ 8 = 30 … 5
→ 문제집을 30 일 동안 풀면 5 쪽이 남습니다.
남은 5 쪽도 풀어야 하므로 문제집을 모두 푸는 데 (30, 31)일이 걸립니다.
❹ 답을 쓰세요.
문제집을 모두 푸는 데 31일 이 걸립니다.

2 꽃모종 68송이를 화단 5곳에 똑같이 나누어 심으려고 합니다. 화단 한 곳에 몇 송이씩 심을 수 있고, 몇 송이가 남을까요?

문제읽고
❶ 무엇을 구하는 문제인가요? 구하는 것에 밑줄 치세요.
❷ 주어진 것은 무엇인가요? ○표 하고 답하세요.
전체 꽃모종 수 : 68 송이, 나누어 심는 화단 수 : 5 곳

풀이쓰고
❸ 꽃모종을 몇 송이씩 심을 수 있고, 몇 송이가 남는지 구하세요.
(전체 꽃모종 수) ÷ (나누는 화단 수)
= 68 ÷ 5 = 13 … 3
→ 화단 한 곳에 심는 꽃모종 수는 (몫, 나머지)이므로 13 송이이고, 남는 꽃모종 수는 (몫, 나머지)이므로 3 송이입니다.
❹ 답을 쓰세요.
화단 한 곳에 13송이 씩 심을 수 있고, 3송이 가 남습니다.

4 멜론 91개를 한 상자에 6개씩 담아서 판매하려고 합니다. 팔 수 있는 멜론은 모두 몇 상자일까요?

문제읽고
❶ 무엇을 구하는 문제인가요? 구하는 것에 밑줄 치세요.
❷ 주어진 것은 무엇인가요? ○표 하고 답하세요.
전체 멜론 수 : 91 개, 한 상자에 담는 멜론 수 : 6 개

풀이쓰고
❸ 팔 수 있는 멜론은 몇 상자인지 구하세요.
(전체 멜론 수) ÷ (한 상자에 담는 멜론 수)
= 91 ÷ 6 = 15 … 1
→ 멜론을 15 상자에 담고, 1 개가 남습니다.
남은 멜론 1 개는 상자에 담아 판매할 수 (있습니다, 없습니다).
❹ 답을 쓰세요.
팔 수 있는 멜론은 모두 15상자 입니다.

문장제 실력쌓기 2

1 호두과자가 78개 있습니다. 한 봉지에 4개씩 담으면 몇 봉지가 되고, 몇 개가 남을까요?

풀이 (전체 호두과자 수) ÷ (한 봉지에 담는 호두과자 수)
= 78÷4 = 19 … 2
→ 호두과자는 19 봉지가 되고, 2 개가 남습니다.

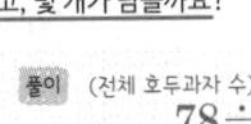

답 19봉지, 2개

3 장난감 자동차 27대를 진열장 위에 모두 올려 놓으려고 합니다. 진열장 한 칸에 장난감 자동차를 5대씩 놓을 수 있다면 진열장은 적어도 몇 칸 필요할까요?

문제읽기 CHECK
□ 구하는 것에 밑줄, 주어진 것에 ○표!
□ 전체 장난감 자동차 수는? 27 대
□ 한 칸에 놓을 수 있는 장난감 자동차 수는? 5 대

풀이
(전체 자동차 수)÷(한 칸에 놓는 자동차 수)
=27÷5=5…2
장난감 자동차를 5대씩 5칸에 놓으면 2대가 남습니다.
남은 2대도 놓아야 하므로
진열장은 적어도 6칸 필요합니다.

답 6칸

2 여행에서 찍은 사진 370장을 새 사진첩에 모두 꽂아 정리하려고 합니다. 사진을 한 쪽에 7장씩 채워서 꽂는다면 마지막 쪽에는 사진을 몇 장 꽂게 될까요?

풀이
(전체 사진 수)÷(사진첩 한 쪽에 꽂는 사진 수)
=370÷7=52…6
사진을 7장씩 52쪽에 꽂으면 6장이 남습니다.
따라서 마지막 쪽에는 6장을 꽂게 됩니다.

답 6장

4 리본 한 개를 만드는 데 노끈 8 cm가 필요합니다. 길이가 3 m인 노끈으로 리본을 몇 개까지 만들 수 있을까요?

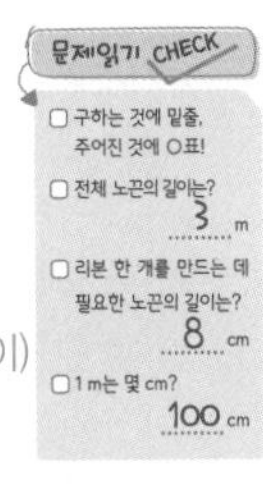

문제읽기 CHECK
□ 구하는 것에 밑줄, 주어진 것에 ○표!
□ 전체 노끈의 길이는? 3 m
□ 리본 한 개를 만드는 데 필요한 노끈의 길이는? 8 cm
□ 1 m는 몇 cm? 100 cm

풀이 ❶ 3 m는 몇 cm인지 구하세요.
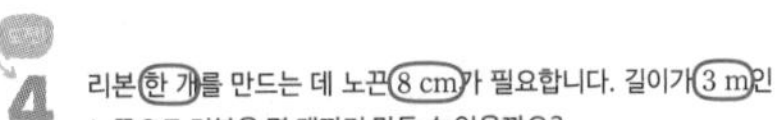
1 m=100 cm이므로
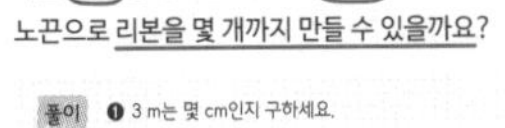
3 m=300 cm입니다.
❷ 리본을 몇 개까지 만들 수 있는지 구하세요.
(전체 노끈의 길이)÷(리본 한 개를 만드는 노끈의 길이)
=300÷8=37…4
리본 37개를 만들면 노끈이 4 cm 남습니다.
남은 4 cm로는 리본을 만들 수 없으므로
리본을 37개까지 만들 수 있습니다.

답 37개

10 DAY 나눗셈이 있는 복잡한 계산

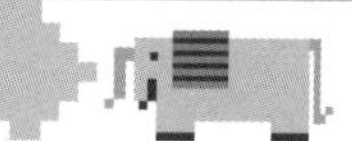

대표 문장제 익히기 3 월 일

1 남학생 52명과 여학생 68명이 있습니다. 학생들이 한 줄에 4명씩 서면 몇 줄이 될까요?

문제읽고
❶ 무엇을 구하는 문제인가요? 구하는 것에 밑줄 치세요.
❷ 주어진 것은 무엇인가요? ○표 하고 답하세요.
전체 학생 수 : 52 명과 68 명, 한 줄에 서는 학생 수 : 4 명

풀이쓰고
❸ 전체 학생은 몇 명인지 구하세요.
(전체 학생 수) = 52 (+, ×) 68 = 120 (명)
❹ 한 줄에 4명씩 서면 몇 줄이 되는지 구하세요.
(줄 수) = 120 (×, ÷) 4 = 30 (줄)
❺ 답을 쓰세요.
학생들은 30줄 이 됩니다.

2 한 봉지에 12개씩 들어 있는 과자를 15상자 샀습니다. 이 과자를 접시 7개에 똑같이 나누어 놓으려고 합니다. 한 접시에 과자를 몇 개씩 놓을 수 있고, 몇 개가 남을까요?

문제읽고
❶ 무엇을 구하는 문제인가요? 구하는 것에 밑줄 치세요.
❷ 주어진 것은 무엇인가요? ○표 하고 답하세요.
전체 과자 수 : 12 개씩 15 상자, 나누어 놓는 접시 수 : 7 개

풀이쓰고
❸ 전체 과자는 몇 개인지 구하세요.
(전체 과자 수) = 12 (×, ÷) 15 = 180 (개)
❹ 한 접시에 과자를 몇 개씩 놓을 수 있고, 몇 개가 남는지 구하세요.
(전체 과자 수) ÷ (접시 수) = 180 (×, ÷) 7 = 25 … 5
❺ 답을 쓰세요.
한 접시에 과자를 25개 씩 놓을 수 있고, 5개 가 남습니다.

3 사탕 45개는 한 주머니에 3개씩 담고, 초콜릿 96개는 한 주머니에 8개씩 담으려고 합니다. 주머니는 모두 몇 개 필요할까요?

문제읽고
❶ 무엇을 구하는 문제인가요? 구하는 것에 밑줄 치세요.
❷ 주어진 것은 무엇인가요? ○표 하고 답하세요.
사탕 45 개는 3 개씩, 초콜릿 96 개는 8 개씩 나누어 담습니다.

풀이쓰고
❸ 사탕과 초콜릿을 담는 주머니는 몇 개인지 각각 구하세요.
(사탕을 담는 주머니 수) = 45 (×, ÷) 3 = 15 (개)
(초콜릿을 담는 주머니 수) = 96 (×, ÷) 8 = 12 (개)
❹ 주머니는 모두 몇 개 필요한지 구하세요.
(필요한 주머니 수) = 15+12 = 27 (개)
❺ 답을 쓰세요. 주머니는 모두 27개 필요합니다.

4 과수원에서 사과 105개는 5상자에 똑같이 나누어 담고, 배 162개는 9상자에 똑같이 나누어 담았습니다. 한 상자에 담은 과일은 어느 것이 몇 개 더 많을까요?

문제읽고
❶ 무엇을 구하는 문제인가요? 구하는 것에 밑줄 치세요.
❷ 주어진 것은 무엇인가요? ○표 하고 답하세요.
사과 105 개는 5 상자에, 배 162 개는 9 상자에 똑같이 나누어 담습니다.

풀이쓰고
❸ 한 상자에 담은 사과와 배는 몇 개인지 각각 구하세요.
(한 상자에 담은 사과의 수) = 105 (×, ÷) 5 = 21 (개)
(한 상자에 담은 배의 수) = 162 (×, ÷) 9 = 18 (개)
❹ 한 상자에 담은 사과와 배 중에서 어느 것이 몇 개 더 많은지 구하세요.
21 > 18 이므로 (사과, 배)가 21 − 18 = 3 (개) 더 많습니다.
❺ 답을 쓰세요.
한 상자에 담은 과일은 사과 가 3개 더 많습니다.

48쪽 49쪽

문장제 실력쌓기 3

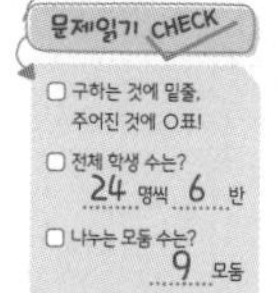

1 승원이네 학교 3학년은 한 반에 24명씩 6반입니다. 3학년 학생들이 9모둠으로 똑같이 나누어 축구 경기를 한다면 한 모둠은 몇 명씩으로 해야 할까요?

문제읽기 CHECK
□ 구하는 것에 밑줄, 주어진 것에 ○표!
□ 전체 학생 수는? 24 명씩 6 반
□ 나누는 모둠 수는? 9 모둠

풀이 (전체 학생 수) = (한 반의 학생 수) (+, ×) (반 수)
= 24×6
= 144 (명)
(한 모둠의 학생 수) = (전체 학생 수) (×, ÷) (모둠 수)
= 144÷9
= 16 (명)

답 16명

2 딸기 맛 사탕 90개와 오렌지 맛 사탕 75개를 섞어서 한 봉지에 6개씩 넣어 포장하려고 합니다. 사탕은 몇 봉지가 되고, 몇 개가 남을까요?

문제읽기 CHECK
□ 구하는 것에 밑줄, 주어진 것에 ○표!
□ 사탕 수는? 딸기 맛 90 개, 오렌지 맛 75 개
□ 한 봉지에 넣는 사탕 수는? 6 개

풀이 ❶ 전체 사탕은 몇 개인지 구하세요.
(전체 사탕 수)
=(딸기 맛 사탕 수)+(오렌지 맛 사탕 수)
=90+75=165(개)
❷ 포장한 사탕은 몇 봉지가 되고, 몇 개가 남는지 구하세요.
(전체 사탕 수)÷(한 봉지에 넣는 사탕 수)
=165÷6=27…3
따라서 사탕은 27봉지가 되고, 3개가 남습니다.

답 27봉지, 3개

3 길이가 70 cm인 빨간색 테이프는 7 cm씩 자르고, 길이가 55 cm인 파란색 테이프는 5 cm씩 잘랐습니다. 자른 색 테이프 조각은 모두 몇 개일까요?

문제읽기 CHECK
□ 구하는 것에 밑줄, 주어진 것에 ○표!
□ 빨간색 테이프를 자른 방법은? 70 cm를 7 cm씩 잘랐다.
□ 파란색 테이프를 자른 방법은? 55 cm를 5 cm씩 잘랐다.

풀이 ❶ 빨간색 테이프와 파란색 테이프를 자른 조각은 몇 개인지 각각 구하세요.
(빨간색 테이프 조각 수)=70÷7=10(개)
(파란색 테이프 조각 수)=55÷5=11(개)
❷ 자른 테이프 조각은 모두 몇 개인지 구하세요.
(전체 조각 수)=10+11=21(개)

답 21개

4 세호는 연필 50자루를 한 명당 2자루씩 나누어 주었고, 정우는 연필 69자루를 한 명당 3자루씩 나누어 주었습니다. 누가 몇 명에게 더 많이 나누어 주었을까요?

문제읽기 CHECK
□ 구하는 것에 밑줄, 주어진 것에 ○표!
□ 세호가 나누어 준 방법은? 50자루를 2 자루씩 나누어 주었다.
□ 정우가 나누어 준 방법은? 69자루를 3 자루씩 나누어 주었다.

풀이 ❶ 세호는 연필을 몇 명에게 나누어 주었는지 구하세요.
(연필 수)÷(한 사람에게 나누어 주는 연필 수)
=50÷2=25(명)
❷ 정우는 연필을 몇 명에게 나누어 주었는지 구하세요.
(연필 수)÷(한 사람에게 나누어 주는 연필 수)
=69÷3=23(명)
❸ 누가 몇 명에게 더 많이 나누어 주었는지 구하세요.
25>23이므로 세호가
25−23=2(명)에게 더 많이 나누어 주었습니다.

답 세호, 2명

50쪽 51쪽

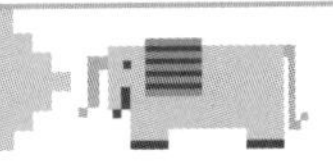

정답

11 DAY 어떤 수 구하기

대표 문장제 익히기 4 월 일

1 어떤 수를 2로 나누었더니 몫이 16으로 나누어떨어졌습니다. 어떤 수는 얼마일까요?

문제읽고 ❶ 구하는 것에 밑줄 치고, 주어진 것에 ○표 하세요.

풀이쓰고 ❷ 어떤 수를 □라고 하여 나눗셈식을 만들고, 어떤 수 □를 구하세요.

어떤 수를 2 로 나누었더니 몫이 16 으로 나누어떨어졌습니다.

→ 나눗셈식 □÷2=16

→ 계산 2×16=□, □=32

• 곱셈과 나눗셈의 관계 •

❸ 답을 쓰세요.

어떤 수는 32 입니다.

3 어떤 수를 8로 나누었더니 몫이 11이고 나머지가 3이 되었습니다. 어떤 수는 얼마일까요?

문제읽고 ❶ 구하는 것에 밑줄 치고, 주어진 것에 ○표 하세요.

풀이쓰고 ❷ 어떤 수를 □라고 하여 나눗셈식을 만들고, 어떤 수 □를 구하세요.

어떤 수를 8 로 나누면 몫이 11 이고 나머지가 3 입니다.

→ 나눗셈식 □÷8=11…3

→ 계산 8×11=88, 88+3=91 이므로 □=91 입니다.

❸ 답을 쓰세요.

어떤 수는 91 입니다.

2 어떤 수를 3으로 나누었더니 몫이 48로 나누어떨어졌습니다. 어떤 수는 얼마일까요?

문제읽고 ❶ 구하는 것에 밑줄 치고, 주어진 것에 ○표 하세요.

풀이쓰고 ❷ 어떤 수를 □라고 하여 나눗셈식을 만들고, 어떤 수 □를 구하세요.

어떤 수를 3 으로 나누었더니 몫이 48 로 나누어떨어졌습니다.

→ 나눗셈식 □÷3=48

→ 계산 3×48=□, □=144

❸ 답을 쓰세요.

어떤 수는 144 입니다.

4 색 테이프 한 줄을 6 cm씩 자르고 나니 13도막이 되고 2 cm가 남았습니다. 자르기 전의 색 테이프의 길이는 몇 cm였을까요?

문제읽고 ❶ 구하는 것에 밑줄 치고, 주어진 것에 ○표 하세요.

❷ 문장을 바꾸세요.

색 테이프를 6 cm씩 자르고 나니 13도막이 되고 2 cm가 남았습니다.

→ 색 테이프의 길이를 6 으로 나누면 몫이 13 이고 나머지가 2 입니다.

풀이쓰고 ❸ 자르기 전의 색 테이프의 길이를 □ cm라고 하여 나눗셈식을 만들고, □를 구하세요.

→ 나눗셈식 □÷6=13…2

→ 계산 6×13=78, 78+2=80 이므로 □=80 입니다.

❹ 답을 쓰세요.

자르기 전의 색 테이프의 길이는 80 cm 였습니다.

52쪽

53쪽

문장제 실력쌓기 4

1 어떤 수를 4로 나누었더니 몫이 36으로 나누어떨어졌습니다. 어떤 수는 얼마일까요?

풀이 어떤 수를 □라고 하면 □÷4=36 입니다.

→ 4×36=144 이므로 □=144 입니다.

따라서 어떤 수는 144 입니다.

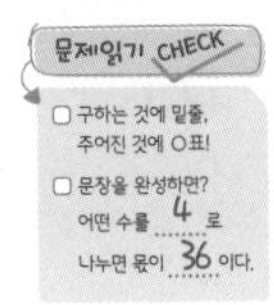

문제읽기 CHECK
□ 구하는 것에 밑줄, 주어진 것에 ○표!
□ 문장을 완성하면? 어떤 수를 4 로 나누면 몫이 36 이다.

답 144

3 예서는 쿠키를 만들어 한 봉지에 3개씩 나누어 담았더니 52봉지가 되고 2개가 남았습니다. 예서가 만든 쿠키는 모두 몇 개일까요?

풀이 ❶ 예서가 만든 쿠키 수를 □라고 하여 나눗셈식을 만드세요.

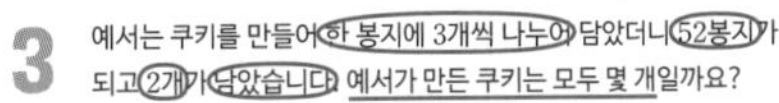

□÷3=52…2

❷ □를 구하세요.

□÷3=52…2에서

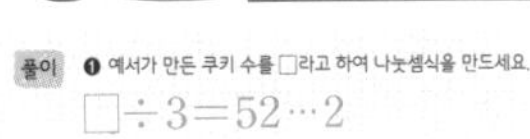

$3\times52=156$, $156+2=158$이므로 □=158입니다.

따라서 예서가 만든 쿠키는 모두 158개입니다.

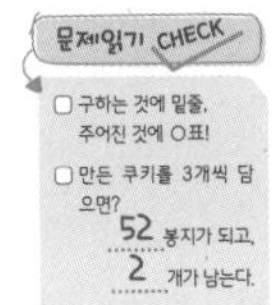

문제읽기 CHECK
□ 구하는 것에 밑줄, 주어진 것에 ○표!
□ 만든 쿠키를 3개씩 담으면? 52 봉지가 되고, 2 개가 남는다.

답 158개

2 어떤 수를 7로 나누었더니 몫이 23이고, 나머지가 3이 되었습니다. 어떤 수는 얼마일까요?

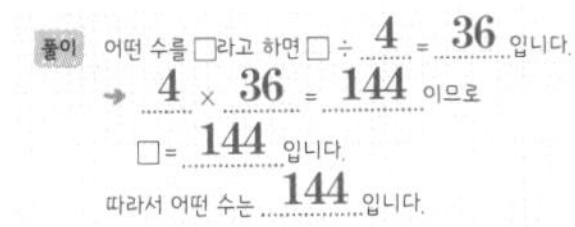

풀이 어떤 수를 □라고 하면

□÷7=23…3입니다.

→ $7\times23=161$, $161+3=164$이므로

□=164입니다.

따라서 어떤 수는 164입니다.

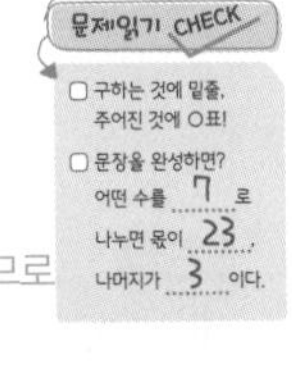

문제읽기 CHECK
□ 구하는 것에 밑줄, 주어진 것에 ○표!
□ 문장을 완성하면? 어떤 수를 7 로 나누면 몫이 23, 나머지가 3 이다.

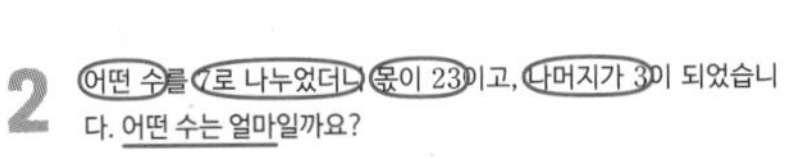

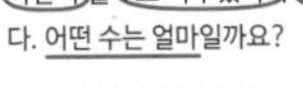

답 164

4 어떤 수를 5로 나누어야 할 것을 잘못하여 5를 곱했더니 450이 되었습니다. 바르게 계산한 몫은 얼마일까요?

풀이 ❶ 어떤 수를 □라고 하여 잘못 계산한 식을 만들고, □를 구하세요.

어떤 수를 □라고 하면

□×5=450입니다.

→ 450÷5=□이므로 □=90

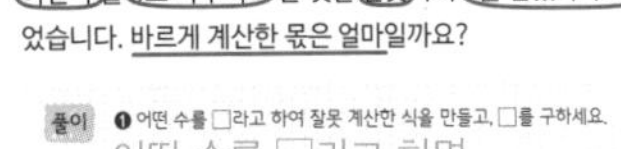

❷ 바르게 계산한 몫을 구하세요.

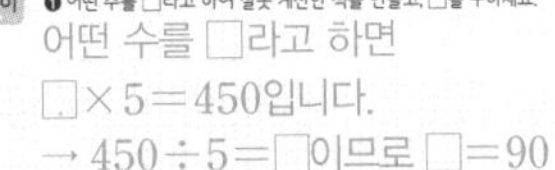

(어떤 수)÷5=90÷5=18

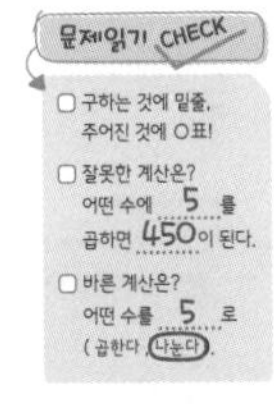

문제읽기 CHECK
□ 구하는 것에 밑줄, 주어진 것에 ○표!
□ 잘못한 계산은? 어떤 수에 5 를 곱하면 450이 된다.
□ 바른 계산은? 어떤 수를 5 로 (곱한다 / 나눈다)

답 18

54쪽

55쪽

12 DAY 문장제 서술형 평가

월 일

1 풀이 ❶ (정사각형의 한 변의 길이)=(네 변의 길이의 합)÷(변의 수)
=80÷4
❷=20 (cm)

답 **20 cm**

채점기준

❶ 식을 세우면	3점
❷ 정사각형의 한 변의 길이를 구하면	2점
	5점

참고 정사각형은 네 변의 길이가 모두 똑같으므로 한 변의 길이는 네 변의 길이의 합을 4로 나누어 구합니다.

2 풀이 ❶ (전체 감자 수)÷(나누어 담은 상자 수)
=837÷8
❷ =104⋯5

답 **104개, 5개**

채점기준

❶ 식을 세우면	3점
❷ 한 상자에 담은 감자의 수와 남은 감자의 수를 구하면	2점
	5점

3 풀이 ❶ (동화책 전체 쪽수)=10×9
=90(쪽)
❷ (동화책을 읽는 데 걸리는 날수)
=(동화책 전체 쪽수)÷(하루에 읽는 쪽수)
=90÷6
=15(일)

답 **15일**

채점기준

❶ 동화책의 전체 쪽수를 구하면	2점
❷ 매일 6쪽씩 읽을 때 걸리는 날수를 구하면	4점
	6점

56쪽

4 풀이 ❶ (전체 봉지 수)
=(전체 고구마 수)÷(한 봉지에 담는 고구마 수)
=88÷4=22(봉지)
❷ (한 사람이 가지는 봉지 수)
=(전체 봉지 수)÷(사람 수)
=22÷2=11(봉지)

답 **11봉지**

채점기준

❶ 전체 봉지의 수를 구하면	3점
❷ 한 사람이 가지는 봉지의 수를 구하면	3점
	6점

주의 나눗셈을 2번 하는 문제입니다.

5 풀이 ❶ (전체 사람 수)÷(긴 의자 한 개에 앉을 수 있는 사람 수)
=80÷7=11⋯3
❷ 7명씩 긴 의자 11개에 앉으면 3명이 남습니다.
남은 3명이 앉을 긴 의자가 1개 더 필요하므로
긴 의자는 적어도 12개가 있어야 합니다.

답 **12개**

채점기준

❶ 식을 세워 계산하면	3점
❷ 긴 의자의 수를 구하면	3점
	6점

주의 80명이 모두 앉으려면 남은 사람도 앉을 의자가 필요합니다.

6 풀이 ❶ (여학생 수)=(남학생 수)−3
=54−3=51(명)
❷ (남학생 수)+(여학생 수)=54+51
=105(명)
❸ (한 모둠의 학생 수)=(전체 학생 수)÷(모둠 수)
=105÷5
=21(명)

답 **21명**

채점기준

❶ 여학생 수를 구하면	2점
❷ 반 전체 학생 수를 구하면	1점
❸ 한 모둠의 학생 수를 구하면	3점
	6점

57쪽

정답

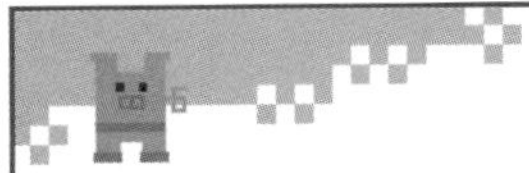

7 풀이 ❶ 어떤 수를 □라고 하면
$\square \times 9 = 819$, $819 \div 9 = \square$, $\square = 91$
❷ 어떤 수는 91이므로
바르게 계산하면 $91 \div 9 = 10 \cdots 1$입니다.

답 10, 1

채점기준

❶ 어떤 수를 구하면	3점
❷ 바르게 계산한 몫과 나머지를 구하면	4점
	7점

주의 어떤 수를 먼저 구하고,
바르게 계산하여 몫과 나머지를 구해야 합니다.

8 풀이 ❶ 몫이 가장 크려면 나누어지는 수인 두 자리 수는 가장 큰 수이어야 합니다. → 87
❷ 나누는 수인 한 자리 수는 가장 작은 수입니다. → 4
❸ $87 \div 4 = 21 \cdots 3$

답 21, 3

채점기준

❶ 몫이 가장 클 때 나누어지는 수를 구하면	2점
❷ 몫이 가장 클 때 나누는 수를 구하면	2점
❸ 몫과 나머지를 구하면	4점
	8점

58쪽

쉬어가기

나를 찾아봐

숨은 그림 10개를 찾아 ○표 해 주세요.

10월의 끝자락, 할로윈 축제 날이에요.
괴물, 해적, 미라 등 재미있는 분장을 한 친구들이 보이네요!
나는 유령으로 변신했어요. 나를 찾아보세요.

돛단배, 물고기, 붓, 연필, 왕관, 조각 피자, 책, 칫솔, 클립, 편지 봉투

59쪽

수고하셨습니다.
다음 단원으로
넘어갈까요?

3. 원

서술형 문제의 풀이, 이렇게 쓰면 만점!
그런데 너희가 쓴 풀이와 조금 다르다고?
또, 제시된 풀이와 다른 방법으로 풀었다고?
괜찮아. 중요한 설명이 모두 맞았다면 OK!

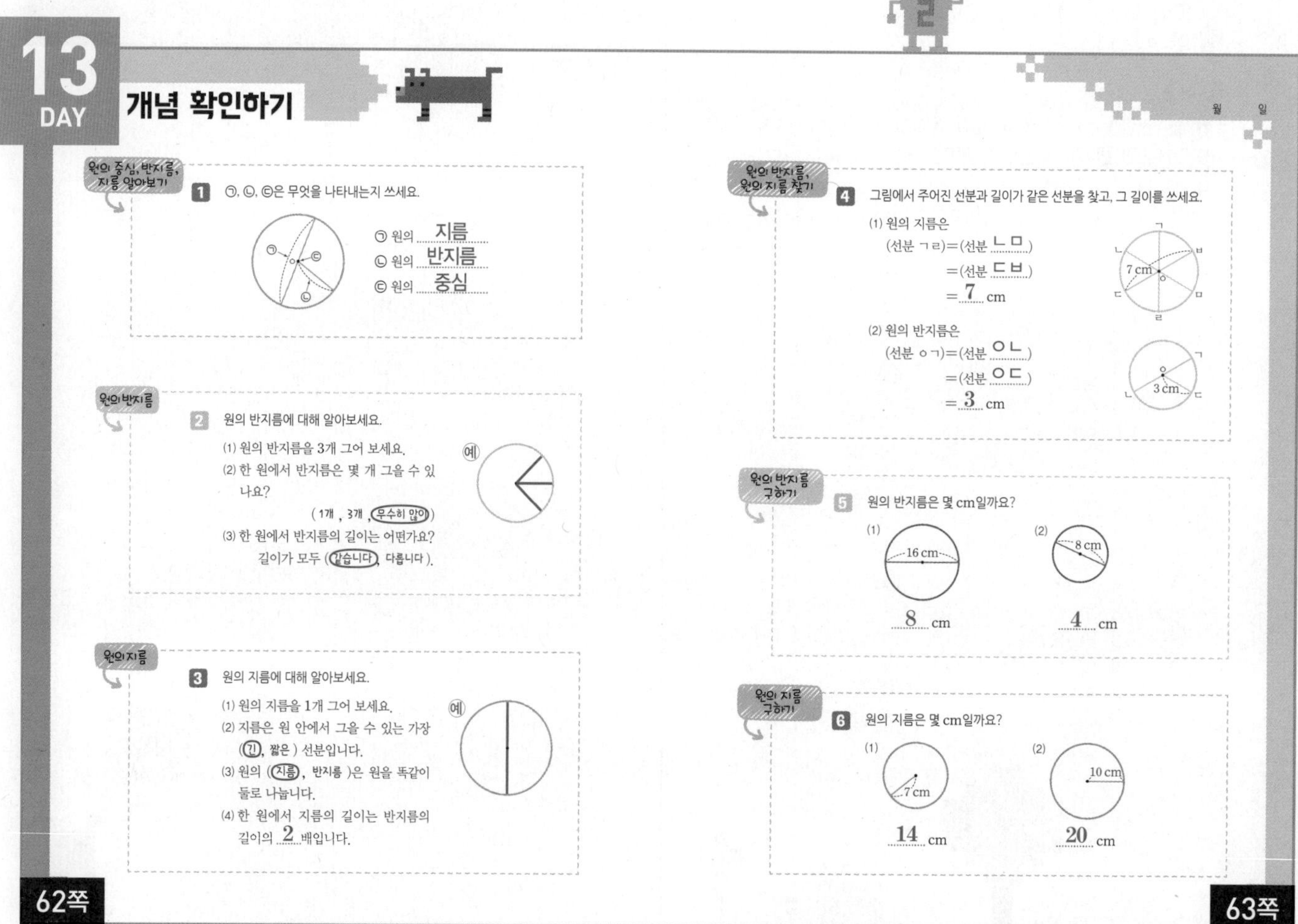

13 DAY 개념 확인하기

월 일

원의 중심, 반지름, 지름 알아보기

1 ㉠, ㉡, ㉢은 무엇을 나타내는지 쓰세요.

㉠ 원의 지름
㉡ 원의 반지름
㉢ 원의 중심

원의 반지름

2 원의 반지름에 대해 알아보세요.

(1) 원의 반지름을 3개 그어 보세요. 예)

(2) 한 원에서 반지름은 몇 개 그을 수 있나요?
(1개 , 3개 , 무수히 많이)

(3) 한 원에서 반지름의 길이는 어떤가요?
길이가 모두 (같습니다 , 다릅니다).

원의 지름

3 원의 지름에 대해 알아보세요.

(1) 원의 지름을 1개 그어 보세요. 예)

(2) 지름은 원 안에서 그을 수 있는 가장 (긴 , 짧은) 선분입니다.

(3) 원의 (지름 , 반지름)은 원을 똑같이 둘로 나눕니다.

(4) 한 원에서 지름의 길이는 반지름의 길이의 2 배입니다.

원의 반지름, 원의 지름 찾기

4 그림에서 주어진 선분과 길이가 같은 선분을 찾고, 그 길이를 쓰세요.

(1) 원의 지름은
(선분 ㄱㄹ)=(선분 ㄴㅁ)
=(선분 ㄷㅂ)
= 7 cm

(2) 원의 반지름은
(선분 ㅇㄱ)=(선분 ㅇㄴ)
=(선분 ㅇㄷ)
= 3 cm

원의 반지름 구하기

5 원의 반지름은 몇 cm일까요?

(1) 16 cm — 8 cm

(2) 8 cm — 4 cm

원의 지름 구하기

6 원의 지름은 몇 cm일까요?

(1) 7 cm — 14 cm

(2) 10 cm — 20 cm

62쪽

63쪽

14 DAY 원의 반지름 또는 지름 구하기

대표 문장제 익히기 1 월 일

대표문제 1

점 ㄴ, 점 ㄷ은 원의 중심입니다. 선분 ㄱㄹ의 길이는 몇 cm일까요?

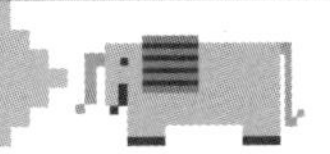

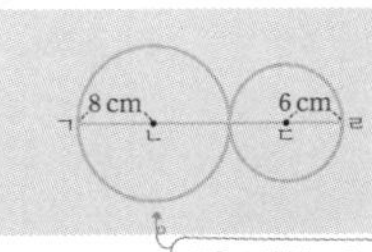

문제읽고
❶ 무엇을 구하는 문제인가요? 구하는 것에 밑줄 치세요.
❷ 주어진 것은 무엇인가요? 알맞게 답하세요.
큰 원의 반지름 : 8 cm, 작은 원의 반지름 : 6 cm

풀이쓰고
❸ 두 원의 지름을 각각 구하세요.
(큰 원의 지름) = (큰 원의 반지름) × 2 = 8 × 2 = 16 (cm)
(작은 원의 지름) = (작은 원의 반지름) × 2 = 6 × 2 = 12 (cm)
❹ 선분 ㄱㄹ의 길이를 구하세요.
(선분 ㄱㄹ의 길이) = (큰 원의 지름) + (작은 원의 지름)
= 16 + 12 = 28 (cm)
❺ 답을 쓰세요. 선분 ㄱㄹ의 길이는 28 cm 입니다.

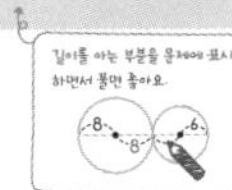

한번 더 OK 2

점 ㄱ, 점 ㄴ은 원의 중심입니다. 선분 ㄱㄷ의 길이는 몇 cm일까요?

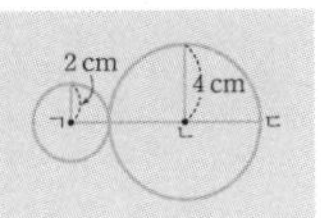

문제읽고
❶ 무엇을 구하는 문제인가요? 구하는 것에 밑줄 치세요.

풀이쓰고
❷ 작은 원의 반지름과 큰 원의 지름을 각각 구하세요.
(작은 원의 반지름) = 2 cm, (큰 원의 지름) = 4 × 2 = 8 (cm)
❸ 선분 ㄱㄷ의 길이를 구하세요.
(선분 ㄱㄷ의 길이) = (작은 원의 반지름) + (큰 원의 지름)
= 2 + 8 = 10 (cm)
❹ 답을 쓰세요. 선분 ㄱㄷ의 길이는 10 cm 입니다.

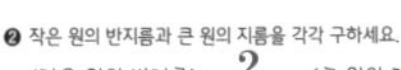

대표문제 3

점 ㄱ, 점 ㄴ은 원의 중심입니다. 큰 원의 지름이 12 cm라면 선분 ㄱㄴ의 길이는 몇 cm일까요?

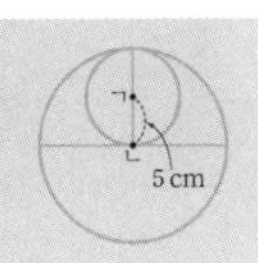

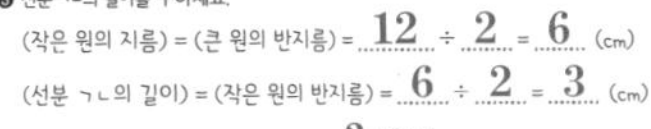

문제읽고
❶ 무엇을 구하는 문제인가요? 구하는 것에 밑줄 치세요.
❷ 주어진 것은 무엇인가요? ○표 하고 답하세요.
큰 원의 지름 : 12 cm

풀이쓰고
❸ 선분 ㄱㄴ의 길이를 구하세요.
(작은 원의 지름) = (큰 원의 반지름) = 12 ÷ 2 = 6 (cm)
(선분 ㄱㄴ의 길이) = (작은 원의 반지름) = 6 ÷ 2 = 3 (cm)
❹ 답을 쓰세요. 선분 ㄱㄴ의 길이는 3 cm 입니다.

한번 더 OK 4

점 ㄱ, 점 ㄴ은 원의 중심입니다. 작은 원의 반지름이 5 cm라면 큰 원의 지름은 몇 cm일까요?

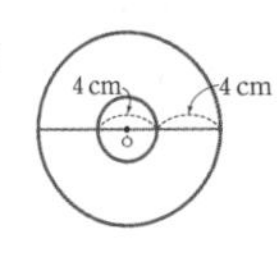

문제읽고
❶ 무엇을 구하는 문제인가요? 구하는 것에 밑줄 치세요.
❷ 주어진 것은 무엇인가요? ○표 하고 답하세요.
작은 원의 반지름 : 5 cm

풀이쓰고
❸ 큰 원의 지름을 구하세요.
(큰 원의 반지름) = (작은 원의 지름) = 5 × 2 = 10 (cm)
(큰 원의 지름) = 10 × 2 = 20 (cm)
❹ 답을 쓰세요. 큰 원의 지름은 20 cm 입니다.

64쪽 65쪽

문장제 실력쌓기 1

1 점 ㄱ, 점 ㄴ은 원의 중심입니다. 선분 ㄱㄷ의 길이는 몇 cm일까요?

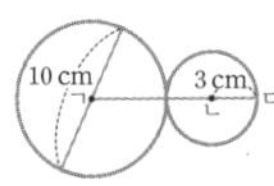

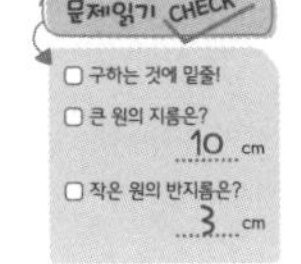
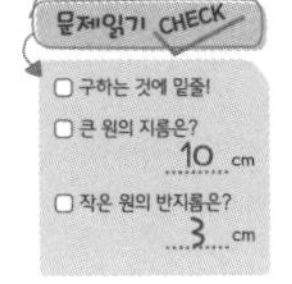

풀이 (큰 원의 반지름) = 10÷2 = 5 (cm)
(작은 원의 지름) = 3×2 = 6 (cm)
→ (선분 ㄱㄷ의 길이)
= (큰 원의 반지름) + (작은 원의 지름)
= 5 + 6 = 11 (cm)

답 11 cm

2 점 ㄱ, 점 ㄴ은 원의 중심입니다. 큰 원의 지름이 28 cm라면 선분 ㄱㄴ의 길이는 몇 cm일까요?

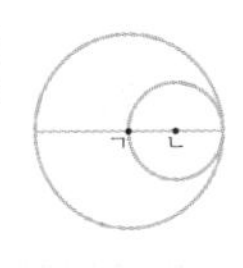

문제읽기 CHECK
- 구하는 것에 밑줄, 주어진 것에 ○표!
- 큰 원의 지름은? 28 cm

풀이 ❶ 작은 원의 지름을 구하세요.
(작은 원의 지름)=(큰 원의 반지름)
=(큰 원의 지름)÷2
=28÷2=14 (cm)
❷ 선분 ㄱㄴ의 길이를 구하세요.
(선분 ㄱㄴ의 길이)=(작은 원의 반지름)
=(작은 원의 지름)÷2
=14÷2=7 (cm)

답 7 cm

3 점 ㅇ은 원의 중심입니다. 큰 원의 반지름은 몇 cm일까요?

4 cm 4 cm

문제읽기 CHECK
- 구하는 것에 밑줄!
- 작은 원의 지름은? 4 cm
- 큰 원의 반지름은? 작은 원의 반지름보다 4 cm 더 길다.

풀이 ❶ 작은 원의 반지름을 구하세요.
(작은 원의 반지름)=(작은 원의 지름)÷2
=4÷2=2 (cm)
❷ 큰 원의 반지름을 구하세요.
(큰 원의 반지름)=(작은 원의 반지름)+4
=2+4=6 (cm)

답 6 cm

도전 4 반지름이 각각 3 cm, 5 cm, 7 cm인 원 3개를 원의 중심을 지나도록 겹쳐서 그렸습니다. 선분 ㄱㄴ의 길이는 몇 cm일까요?

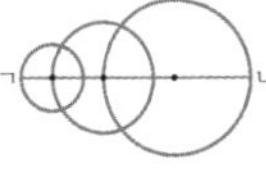

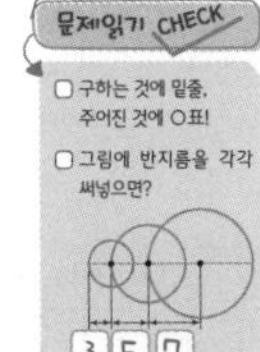

풀이 ❶ 가장 큰 원의 지름을 구하세요.
(가장 큰 원의 지름)
=(가장 큰 원의 반지름)×2
=7×2=14 (cm)
❷ 선분 ㄱㄴ의 길이를 구하세요.
(선분 ㄱㄴ의 길이)
=(가장 작은 원의 반지름)+(중간 원의 반지름)+(가장 큰 원의 지름)
=3+5+14
=22 (cm)

답 22 cm

66쪽 67쪽

15 DAY 선분, 변의 길이 구하기

대표 문장제 익히기 2 월 일

대표문제 1

반지름이 8 cm인 크기가 같은 원 3개를 원의 중심을 지나도록 겹쳐서 그렸습니다. 선분 ㄱㄴ의 길이는 몇 cm일까요?

문제읽고
❶ 무엇을 구하는 문제인가요? 구하는 것에 밑줄 치세요.
❷ 주어진 것은 무엇인가요? ○표 하고 답하세요.
원의 반지름 8 cm를 그림에 나타냅니다. → 8 8 8 8

풀이쓰고
❸ 선분 ㄱㄴ의 길이는 원의 반지름의 몇 배인가요? 4 배
❹ 선분 ㄱㄴ의 길이를 구하세요.
(선분 ㄱㄴ의 길이) = (원의 반지름) × 4 = 8 × 4 = 32 (cm)
❺ 답을 쓰세요.
선분 ㄱㄴ의 길이는 32 cm 입니다.

한번 더 OK 2

지름이 8 cm인 크기가 같은 원 2개를 원의 중심을 지나도록 겹쳐서 그렸습니다. 선분 ㄱㄴ의 길이는 몇 cm일까요?

문제읽고
❶ 무엇을 구하는 문제인가요? 구하는 것에 밑줄 치세요.
❷ 주어진 것은 무엇인가요? ○표 하고 답하세요.
원의 지름 : 8 cm

풀이쓰고
❸ 선분 ㄱㄴ의 길이는 원의 반지름의 몇 배인가요? 3 배
❹ 선분 ㄱㄴ의 길이를 구하세요.
(원의 반지름) = (원의 지름) ÷ 2 = 8 ÷ 2 = 4 (cm)
(선분 ㄱㄴ의 길이) = (원의 반지름) × 3 = 4 × 3 = 12 (cm)
❺ 답을 쓰세요.
선분 ㄱㄴ의 길이는 12 cm 입니다.

대표문제 3

정사각형 안에 반지름이 7 cm인 원을 꼭 맞게 그렸습니다. 정사각형의 한 변의 길이는 몇 cm일까요?

문제읽고
❶ 무엇을 구하는 문제인가요? 구하는 것에 밑줄 치세요.
❷ 주어진 것은 무엇인가요? ○표 하고 답하세요.
원의 반지름 7 cm를 그림에 나타냅니다. → 7 7

풀이쓰고
❸ 정사각형의 한 변의 길이를 구하세요.
정사각형의 한 변의 길이는 원의 (반지름, 지름)과 같습니다.
(원의 지름) = 7 × 2 = 14 (cm)
❹ 답을 쓰세요. 정사각형의 한 변의 길이는 14 cm 입니다.

한단계 UP 4

반지름이 5 cm인 크기가 같은 원 2개를 원의 중심을 지나도록 겹쳐서 그렸습니다. 사각형 ㄱㄴㄷㄹ의 네 변의 길이의 합은 몇 cm일까요?
(점 ㄱ, 점 ㄷ은 두 원이 만나는 점이고, 점 ㄴ, 점 ㄹ은 원의 중심입니다.)

문제읽고
❶ 무엇을 구하는 문제인가요? 구하는 것에 밑줄 치세요.
❷ 주어진 것은 무엇인가요? ○표 하고 답하세요.
원의 반지름 : 5 cm

풀이쓰고
❸ 사각형 ㄱㄴㄷㄹ의 네 변의 길이를 구하세요.
변 ㄱㄴ, 변 ㄴㄷ, 변 ㄷㄹ, 변 ㄱㄹ은 모두 원의 (반지름, 지름)이므로 길이가 5 cm입니다.
❹ 사각형 ㄱㄴㄷㄹ의 네 변의 길이의 합을 구하세요.
(네 변의 길이의 합) = 5 (+, ×) 4 = 20 (cm)
❺ 답을 쓰세요. 사각형 ㄱㄴㄷㄹ의 네 변의 길이의 합은 20 cm 입니다.

68쪽 69쪽

문장제 실력쌓기 2

1 반지름이 3 cm인 크기가 같은 원 4개를 원의 중심을 지나도록 겹쳐서 그렸습니다. 선분 ㄱㄴ의 길이는 몇 cm일까요?

문제읽기 CHECK
□ 구하는 것에 밑줄, 주어진 것에 ○표!
□ 겹쳐서 그린 원의 수는? 4 개
□ 원의 반지름은? 3 cm

풀이 ❶ 선분 ㄱㄴ의 길이는 원의 반지름의 5 배입니다.
❷ (선분 ㄱㄴ의 길이) = (원의 반지름) × 5 = 3×5 = 15 (cm)

답 15 cm

2 크기가 같은 원 3개를 원의 중심을 지나도록 겹쳐서 그렸습니다. 선분 ㄱㄴ의 길이가 40 cm라면, 원의 반지름은 몇 cm일까요?

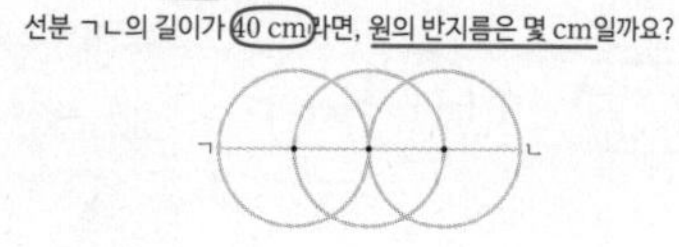

문제읽기 CHECK
□ 구하는 것에 밑줄, 주어진 것에 ○표!
□ 겹쳐서 그린 원의 수는? 3 개
□ 선분 ㄱㄴ의 길이는? 40 cm

풀이 ❶ 선분 ㄱㄴ의 길이는 원의 반지름의 몇 배인가요?
4배
❷ 원의 반지름을 구하세요.
(원의 반지름)=(선분 ㄱㄴ의 길이)÷4
=40÷4=10 (cm)

답 10 cm

3 직사각형 안에 반지름이 6 cm인 크기가 같은 원 2개를 꼭 맞게 그렸습니다. 직사각형의 가로와 세로의 길이를 각각 구하세요.

문제읽기 CHECK
□ 구하는 것에 밑줄, 주어진 것에 ○표!
□ 원의 반지름은? 6 cm
□ 직사각형 안에 꼭 맞게 그린 원의 수는? 2 개

풀이 ❶ 직사각형의 세로의 길이를 구하세요.
(직사각형의 세로)=(원의 지름)
=(원의 반지름)×2
=6×2=12 (cm)
❷ 직사각형의 가로의 길이를 구하세요.
(직사각형의 가로)=(원의 지름)×2
=12×2=24 (cm)

답 가로 : 24 cm, 세로 : 12 cm

도전 4 반지름이 4 cm인 크기가 같은 원 3개를 서로 이어 붙여서 그린 후, 세 원의 중심을 이어 삼각형을 그렸습니다. 삼각형 ㄱㄴㄷ의 세 변의 길이의 합은 몇 cm일까요?

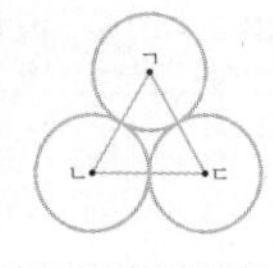

문제읽기 CHECK
□ 구하는 것에 밑줄, 주어진 것에 ○표!
□ 원의 반지름은? 4 cm
□ 서로 이어 붙여서 그린 원의 수는? 3 개
□ 그림에 반지름을 각각 써넣으면?

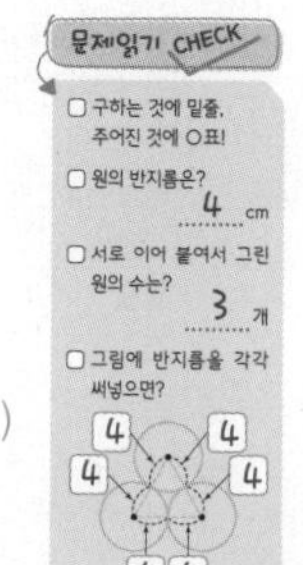

풀이 ❶ 삼각형의 한 변의 길이를 구하세요.
(삼각형의 한 변의 길이)
=(원의 반지름)×2=4×2=8 (cm)
❷ 삼각형 ㄱㄴㄷ의 세 변의 길이의 합을 구하세요.
(삼각형 ㄱㄴㄷ의 세 변의 길이의 합)
=(삼각형의 한 변의 길이)×3
=8×3=24 (cm)

답 24 cm

70쪽 71쪽

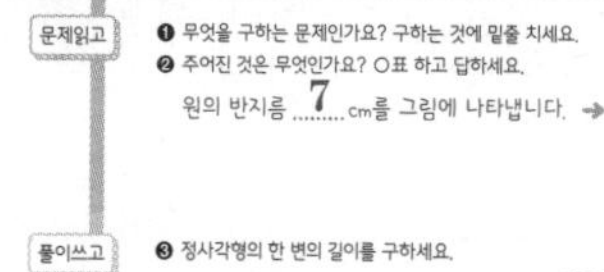

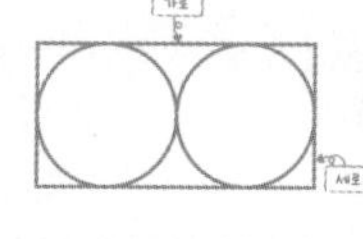
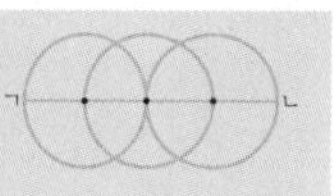
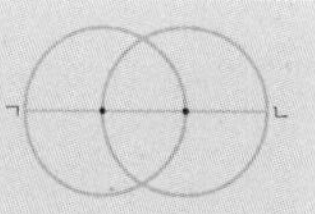

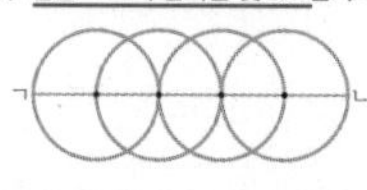
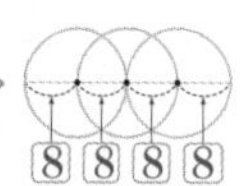

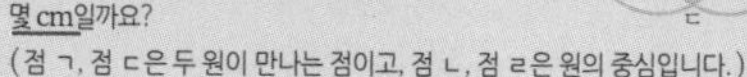
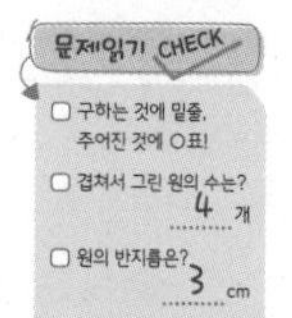

16 DAY 문장제 서술형 평가

월 일

1 풀이 ❶ 큰 원의 지름은 작은 원의 반지름의 4배이므로
(큰 원의 지름)=(작은 원의 반지름)$\times$4
$=2\times4$
❷$=8$(cm)

답 8 cm

채점기준

❶ 큰 원의 지름을 구하는 식을 세우면	3점
❷ 큰 원의 지름을 구하면	2점
	5점

다른 풀이 (큰 원의 반지름)=(작은 원의 지름)$=2\times2=4$(cm)
(큰 원의 지름)=(큰 원의 반지름)$\times2=4\times2=8$(cm)

참고 작은 원의 지름과 큰 원의 반지름은 같습니다.

2 풀이 ❶ (원의 지름)=(정사각형의 한 변의 길이)$=12$ cm이므로
❷ (원의 반지름)=(정사각형의 한 변의 길이)$\div2$
$=12\div2=6$(cm)

답 6 cm

채점기준

❶ 원의 지름이 정사각형의 한 변의 길이와 같음을 알면	2점
❷ 원의 반지름을 구하면	3점
	5점

3 풀이 ❶ (작은 화단의 지름)=(큰 화단의 반지름)
$=20\div2=10$(m)
❷ (작은 화단의 반지름)$=10\div2=5$(m)

답 5 m

채점기준

❶ 작은 화단의 지름을 구하면	2점
❷ 작은 화단의 반지름을 구하면	3점
	5점

주의 단위가 m이므로 답을 쓸 때 주의합니다.

4 풀이 ❶ (원의 반지름)$=1$ cm,
(원의 지름)$=1\times2=2$(cm)
❷ (선분 ㄱㄷ의 길이)
=(원의 반지름)+(원의 지름)+(원의 반지름)
$=1+2+1=4$(cm)

답 4 cm

채점기준

❶ 원의 지름을 구하면	2점
❷ 선분 ㄱㄷ의 길이를 구하면	3점
	5점

5 풀이 ❶ (원의 반지름)=(원의 지름)$\div2$
$=10\div2=5$(cm)
❷ 선분 ㄱㄴ의 길이는 원의 반지름의 5배이므로
❸ (선분 ㄱㄴ의 길이)=(원의 반지름)$\times5$
$=5\times5=25$(cm)

답 25 cm

채점기준

❶ 원의 반지름을 구하면	2점
❷ 선분 ㄱㄴ의 길이가 원의 반지름의 몇 배인지 구하면	1점
❸ 선분 ㄱㄴ의 길이를 구하면	3점
	6점

6 풀이 ❶ (큰 원의 지름)$=3\times2=6$(cm)
❷ (선분 ㄱㄹ의 길이)=(작은 원의 반지름)+(큰 원의 지름)
$=2+6=8$(cm)

답 8 cm

채점기준

❶ 큰 원의 지름을 구하면	3점
❷ 선분 ㄱㄹ의 길이를 구하면	4점
	7점

72쪽
73쪽

16 DAY

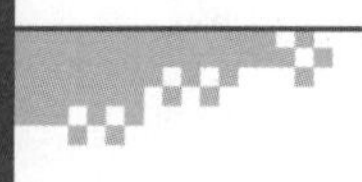

7 풀이 ❶ 변 ㄱㄴ, 변 ㄴㄷ, 변 ㄱㄷ은
모두 원의 반지름이므로 7 cm입니다.
❷ (삼각형 ㄱㄴㄷ의 세 변의 길이의 합)$=7\times3=21$ (cm)

답 21 cm

채점기준

❶ 세 변의 길이를 각각 구하면	3점
❷ 삼각형의 세 변의 길이의 합을 구하면	4점
	7점

참고 삼각형 ㄱㄴㄷ의 세 변의 길이는 모두 같습니다.

8 풀이 ❶ (직사각형의 세로)
$=$(원의 지름)$=$(원의 반지름)$\times2=4\times2=8$ (cm)
❷ (직사각형의 가로)$=$(원의 지름)$\times3=8\times3=24$ (cm)
❸ (직사각형의 네 변의 길이의 합)
$=8+24+8+24=64$ (cm)

답 64 cm

채점기준

❶ 직사각형의 세로를 구하면	3점
❷ 직사각형의 가로를 구하면	3점
❸ 직사각형의 네 변의 길이의 합을 구하면	2점
	8점

다른 풀이 (직사각형의 세로)=(원의 지름),
(직사각형의 가로)=(원의 지름의 3배)
→ (직사각형의 네 변의 길이의 합)=(원의 지름의 8배)
따라서 (원의 지름)$=4\times2=8$ (cm)이므로
(직사각형의 네 변의 길이의 합)$=8\times8=64$ (cm)입니다.

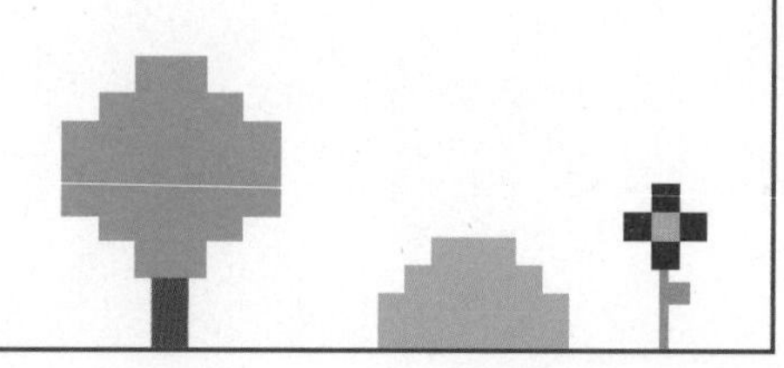

74쪽

즐거운 카멜레온 쇼
쉬어가기
다른 부분 8군데를 찾아 ○표 해 주세요.
〈카멜레온 쇼〉 초대장이 도착했어요!
앗, 그런데 두 초대장이 살짝 달라요.
카멜레온이 초대장을 만들다가 졸았나 봐요.
달라진 곳을 찾아 카멜레온에게 알려주세요.
75쪽

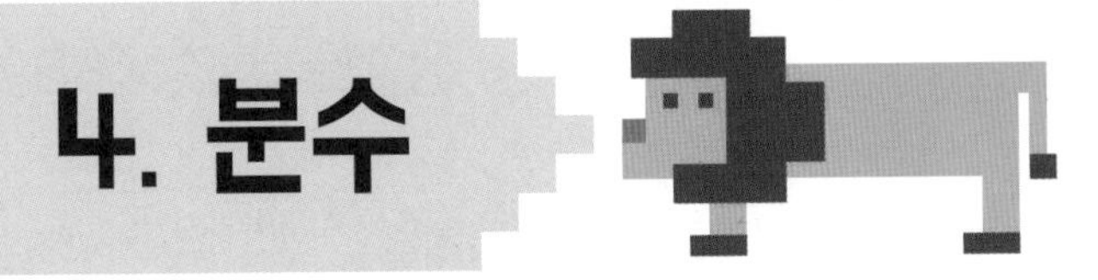

서술형 문제의 풀이, 이렇게 쓰면 만점!
그런데 너희가 쓴 풀이와 조금 다르다고?
또, 제시된 풀이와 다른 방법으로 풀었다고?
괜찮아. 중요한 설명이 모두 맞았다면 OK!

17 DAY 개념 확인하기

월 일

분수로 나타내기

1 그림을 3개씩 묶고, 빈 곳에 알맞은 수를 써넣으세요.

(1) 15를 3씩 묶으면 5 묶음이 됩니다.

(2) 3은 15의 $\frac{1}{5}$입니다. (3) 6은 15의 $\frac{2}{5}$입니다.

(4) 9는 15의 $\frac{3}{5}$입니다. (5) 12는 15의 $\frac{4}{5}$입니다.

분수만큼 구하기

2 그림을 보고 빈 곳에 알맞은 수를 써넣으세요.

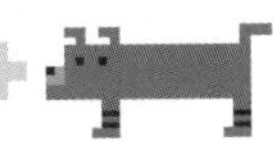

(1) 8의 $\frac{1}{4}$은 2 입니다. (2) 8의 $\frac{3}{4}$은 6 입니다.

3 그림을 보고 빈 곳에 알맞은 수를 써넣으세요.

0 5 10 15 20 25 30 35 (cm)

(1) 35 cm의 $\frac{1}{7}$은 5 cm입니다.

(2) 35 cm의 $\frac{3}{7}$은 15 cm입니다.

여러 가지 분수

4 진분수는 '진', 가분수는 '가'를 쓰세요.

(1) $\frac{4}{5}$ → 진 (2) $\frac{3}{3}$ → 가

(3) $\frac{1}{2}$ → 진 (4) $\frac{9}{8}$ → 가

대분수 → 가분수
가분수 → 대분수

5 대분수는 가분수로, 가분수는 대분수로 나타내세요.

(1) (2)

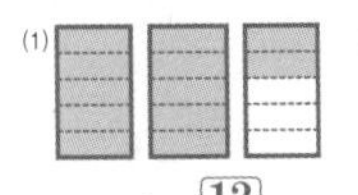

$2\frac{2}{5}=\frac{12}{5}$ $\frac{9}{6}=1\frac{3}{6}$

(3) $1\frac{5}{6}=\frac{11}{6}$ (4) $3\frac{1}{3}=\frac{10}{3}$

(5) $\frac{7}{4}=1\frac{3}{4}$ (6) $\frac{19}{8}=2\frac{3}{8}$

분수의 크기 비교

6 분수의 크기를 비교하여 ○ 안에 >, =, <를 알맞게 써넣으세요.

(1) $\frac{11}{7}$ < $\frac{15}{7}$ (2) $1\frac{4}{5}$ < $2\frac{1}{5}$

(3) $3\frac{5}{9}$ > $3\frac{2}{9}$ (4) $2\frac{2}{3}$ > $\frac{7}{3}$

78쪽 79쪽

18 DAY 분수로 나타내기

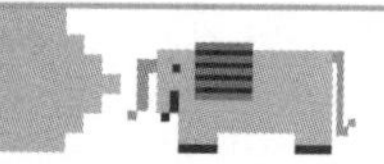

대표 문장제 익히기 1 월 일

1

16명의 학생들이 2명씩 한 팀이 되어 놀이를 하려고 합니다.
한 팀에 있는 학생은 전체의 몇 분의 몇일까요?

문제읽고 ❶ 구하는 것에 밑줄 치고, 주어진 것에 ○표 하세요.
❷ 학생 16명을 2명씩 묶어 보세요.

예

풀이쓰고 ❸ 한 팀에 있는 학생은 전체의 몇 분의 몇인지 구하세요.
16명을 2명씩 묶으면 8 팀이 됩니다.
8 팀 중에서 한 팀은 전체의 $\frac{1}{8}$ 입니다.

❹ 답을 쓰세요.
한 팀에 있는 학생은 전체의 $\frac{1}{8}$ 입니다.

2

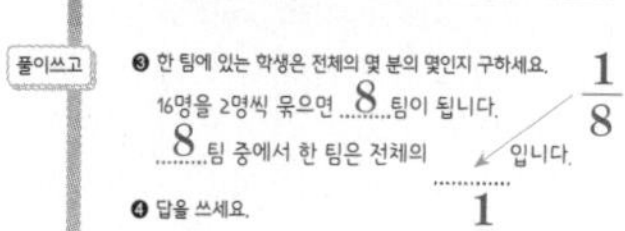

초콜릿 35개를 한 상자에 7개씩 넣어 포장하려고 합니다.
한 상자에 넣은 초콜릿은 전체의 몇 분의 몇일까요?

문제읽고 ❶ 구하는 것에 밑줄 치고, 주어진 것에 ○표 하세요.

풀이쓰고 ❷ 한 상자에 넣은 초콜릿은 전체의 몇 분의 몇인지 구하세요.
35개를 7개씩 넣으면 5 상자가 됩니다.
5 상자 중에서 한 상자는 전체의 $\frac{1}{5}$ 입니다.

❸ 답을 쓰세요.
한 상자에 넣은 초콜릿은 전체의 $\frac{1}{5}$ 입니다.

3

수수깡 12개를 3개씩 묶은 것 중에서 9개를 사용하였습니다.
사용한 수수깡은 전체의 몇 분의 몇일까요?

문제읽고 ❶ 구하는 것에 밑줄 치고, 주어진 것에 ○표 하세요.
❷ 수수깡 12개를 3개씩 묶어 보세요.

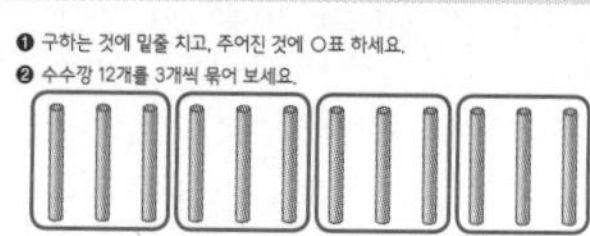

풀이쓰고 ❸ 사용한 수수깡은 전체의 몇 분의 몇인지 구하세요.
12개를 3개씩 묶으면 4 묶음이 됩니다.
3개는 4묶음 중에서 1묶음이므로 전체의 $\frac{1}{4}$ 이고,
9개는 4묶음 중에서 3 묶음이므로 전체의 $\frac{3}{4}$ 입니다.

❹ 답을 쓰세요.
사용한 수수깡은 전체의 $\frac{3}{4}$ 입니다.

4

물 24 L를 4 L씩 컵에 나누어 16 L를 사용하였습니다.
사용한 물은 전체의 몇 분의 몇일까요?

문제읽고 ❶ 구하는 것에 밑줄 치고, 주어진 것에 ○표 하세요.

풀이쓰고 ❷ 사용한 물은 전체의 몇 분의 몇인지 구하세요.
24 L를 4 L씩 나누면 6 컵이 됩니다.
4 L는 6 컵 중에서 1컵이므로 전체의 $\frac{1}{6}$ 이고,
16 L는 6 컵 중에서 4 컵이므로 전체의 $\frac{4}{6}$ 입니다.

❸ 답을 쓰세요.
사용한 물은 전체의 $\frac{4}{6}$ 입니다.

80쪽

81쪽

문장제 실력쌓기 1

1

사탕 48개를 한 접시에 8개씩 놓았습니다. 한 접시에 놓은 사탕은 전체의 몇 분의 몇일까요?

풀이 ❶ 48개를 8개씩 놓으면 6 접시가 됩니다.
❷ 6 접시 중에서 한 접시는 전체의 $\frac{1}{6}$ 이므로
한 접시에 놓은 사탕은 전체의 $\frac{1}{6}$ 입니다.

답 $\frac{1}{6}$

문제읽기 CHECK
- 구하는 것에 밑줄, 주어진 것에 ○표!
- 전체 사탕 수는? 48 개
- 한 접시에 놓은 사탕 수는? 8 개

2

풍선 21개를 3개씩 묶은 것 중에서 12개를 교실을 장식하는 데 사용하였습니다. 사용한 풍선은 전체의 몇 분의 몇일까요?

풀이 ❶ 풍선 21개를 3개씩 묶으면 7 묶음이 됩니다.
❷ 3개는 7묶음 중에서 1 묶음이므로 전체의 $\frac{1}{7}$ 이고,
12개는 7묶음 중에서 4 묶음이므로 전체의 $\frac{4}{7}$ 입니다.

답 $\frac{4}{7}$

문제읽기 CHECK
- 구하는 것에 밑줄, 주어진 것에 ○표!
- 전체 풍선 수는? 21 개
- 풍선을 묶은 방법은? 3 개씩
- 장식하는 데 사용한 풍선 수는? 12 개

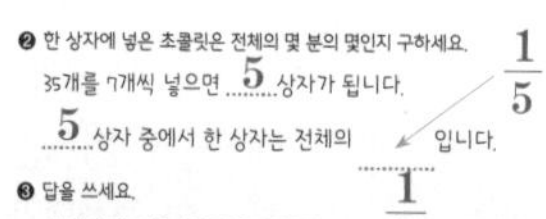

3

책을 40권 샀습니다. 같은 종류끼리 책을 5권씩 묶었더니 동화책은 25권이었습니다. 동화책은 전체의 몇 분의 몇일까요?

풀이 ❶ 책 40권을 5권씩 묶으면 몇 묶음이 될까요?
40권을 5권씩 묶으면 8묶음이 됩니다.

❷ 동화책은 전체의 몇 분의 몇인지 구하세요.
5권은 8묶음 중에서 1묶음이므로 전체의 $\frac{1}{8}$ 이고,
25권은 8묶음 중에서 5묶음이므로 전체의 $\frac{5}{8}$ 입니다.

답 $\frac{5}{8}$

문제읽기 CHECK
- 구하는 것에 밑줄, 주어진 것에 ○표!
- 전체 책 수는? 40 권
- 책을 묶은 방법은? 같은 종류끼리 5 권씩
- 동화책 수는? 25 권

4

도전

길이가 54 cm인 리본 끈을 6 cm마다 나누어 표시하고 42 cm를 사용하였습니다. 남은 리본은 전체의 몇 분의 몇일까요?

풀이 ❶ 남은 리본은 몇 cm인지 구하세요.
(남은 리본의 길이)
$=54-42=12$ (cm)

❷ 남은 리본은 전체의 몇 분의 몇인지 구하세요.
54 cm를 6 cm씩 나누면 9부분이 됩니다.
6 cm는 전체의 $\frac{1}{9}$ 이므로 12 cm는 전체의 $\frac{2}{9}$ 입니다.

답 $\frac{2}{9}$

문제읽기 CHECK
- 구하는 것에 밑줄, 주어진 것에 ○표!
- 전체 길이는? 54 cm
- 리본 끈을 나눈 방법은? 6 cm마다
- 사용한 길이는? 42 cm

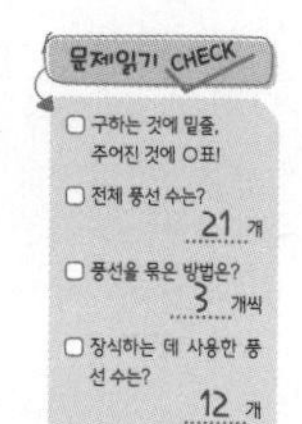

82쪽

83쪽

정답

19 DAY

분수만큼 구하기

대표 문장제 익히기 2 월 일

1 색종이가 15장 있습니다. 이 중의 $\frac{1}{5}$은 빨간색입니다. 빨간 색종이는 몇 장일까요?

문제읽고
❶ 구하는 것에 밑줄 치고, 주어진 것에 ○표 하세요.
❷ 색종이 15장을 똑같이 5묶음으로 나누어 보세요.

풀이쓰고
❸ 빨간 색종이는 몇 장인지 구하세요.
15장의 $\frac{1}{5}$은
15장을 똑같이 5묶음으로 나눈 것 중의 한 묶음이므로 3 장입니다.
❹ 답을 쓰세요.
빨간 색종이는 3장 입니다.

2 한쪽 벽의 길이가 30 m인 건물이 있습니다. 한쪽 벽의 길이의 $\frac{1}{6}$만큼 화단을 만들었습니다. 화단의 길이는 몇 m일까요?

문제읽고
❶ 구하는 것에 밑줄 치고, 주어진 것에 ○표 하세요.
❷ 30 m의 $\frac{1}{6}$을 구하려면 어떻게 해야 할까요?
30 m를 똑같이 6 부분으로 나누어야 합니다.

풀이쓰고
❸ 화단의 길이는 몇 m인지 구하세요.
30 m의 $\frac{1}{6}$은
30 m를 똑같이 6부분으로 나눈 것 중의 한 부분이므로 5 m입니다.
❹ 답을 쓰세요.
화단의 길이는 5 m 입니다.

3 귤이 28개 있습니다. 그중에서 $\frac{4}{7}$만큼을 먹었다면 먹은 귤은 몇 개일까요?

문제읽고
❶ 구하는 것에 밑줄 치고, 주어진 것에 ○표 하세요.
❷ 귤 28개를 똑같이 7묶음으로 나누어 보세요.
예

풀이쓰고
❸ 먹은 귤은 몇 개인지 구하세요.
28개를 똑같이 7묶음으로 나누면 한 묶음의 귤은 4 개입니다.
→ 28개의 $\frac{1}{7}$이 4 개이므로 28개의 $\frac{4}{7}$는 16 개입니다.
❹ 답을 쓰세요. 먹은 귤은 16개 입니다.

4 정후는 1시간의 $\frac{3}{4}$만큼 축구를 했습니다. 축구를 한 시간은 몇 분일까요?

문제읽고
❶ 구하는 것에 밑줄 치고, 주어진 것에 ○표 하세요.
❷ 1시간을 똑같이 4부분으로 나누어 보세요.
예

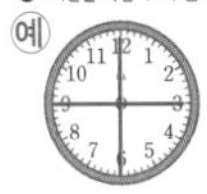

풀이쓰고
❸ 축구를 한 시간은 몇 분인지 구하세요.
1시간 = 60 분입니다.
60분을 똑같이 4부분으로 나누면 한 부분은 15 분입니다.
→ 60분의 $\frac{1}{4}$이 15 분이므로 60분의 $\frac{3}{4}$은 45 분입니다.
❹ 답을 쓰세요. 축구를 한 시간은 45분 입니다.

문장제 실력쌓기 2

1 사과가 24상자 있습니다. 그중에서 $\frac{1}{4}$만큼 팔았다면 판 사과는 몇 상자일까요?

풀이 ❶ 24상자를 똑같이 4묶음으로 나누면 한 묶음의 상자는 6 상자입니다.
❷ 24상자의 $\frac{1}{4}$은
24상자를 똑같이 4묶음으로 나눈 것 중의 한 묶음이므로 6 상자입니다.

답 6상자

문제읽기 CHECK
구하는 것에 밑줄, 주어진 것에 ○표!
전체 사과 수는? 24 상자
판 사과 수는? 24상자의 1/4

2 영준이는 고무딱지 45개를 가지고 있었습니다. 딱지치기에서 가지고 있던 고무딱지의 $\frac{6}{9}$을 잃었습니다. 영준이가 잃은 고무딱지는 몇 개일까요?

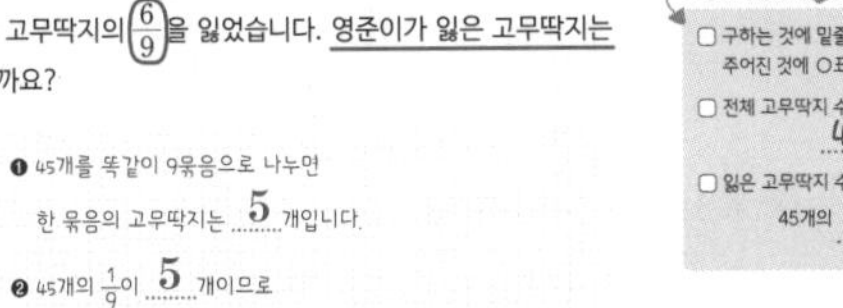

풀이 ❶ 45개를 똑같이 9묶음으로 나누면 한 묶음의 고무딱지는 5 개입니다.
❷ 45개의 $\frac{1}{9}$이 5 개이므로 45개의 $\frac{6}{9}$은 30 개입니다.

답 30개

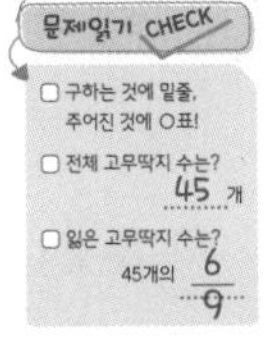
문제읽기 CHECK
구하는 것에 밑줄, 주어진 것에 ○표!
전체 고무딱지 수는? 45 개
잃은 고무딱지 수는? 45개의 6/9

3 예진이는 1시간의 $\frac{1}{3}$만큼 동화책을 읽었습니다. 동화책을 읽은 시간은 몇 분일까요?

풀이 ❶ 1시간은 몇 분일까요?
1시간=60분입니다.
❷ 동화책을 읽은 시간은 몇 분인지 구하세요.
60분의 $\frac{1}{3}$은
60분을 똑같이 3부분으로 나눈 것 중의 한 부분이므로 20분입니다.

답 20분

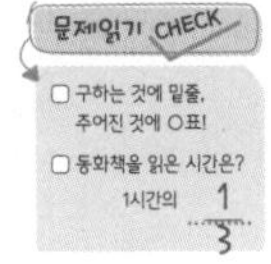
문제읽기 CHECK
구하는 것에 밑줄, 주어진 것에 ○표!
동화책을 읽은 시간은? 1시간의 1/3

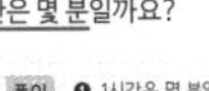

4 길이가 72 cm인 색 테이프의 $\frac{5}{8}$를 사용하였습니다. 남은 색 테이프는 몇 cm일까요?

풀이 ❶ 사용한 색 테이프는 몇 cm인지 구하세요.
72 cm를 똑같이 8부분으로 나누면 한 부분의 길이는 9 cm입니다.
72 cm의 $\frac{1}{8}$이 9 cm이므로 72 cm의 $\frac{5}{8}$는 45 cm입니다.
❷ 남은 색 테이프는 몇 cm인지 구하세요.
(남은 색 테이프의 길이)$=72-45=27$ (cm)

답 27 cm

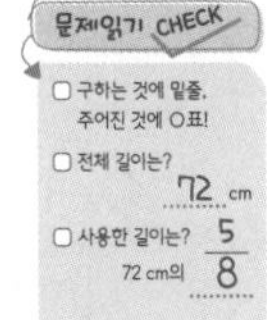
문제읽기 CHECK
구하는 것에 밑줄, 주어진 것에 ○표!
전체 길이는? 72 cm
사용한 길이는? 72 cm의 5/8

20 DAY 분수의 크기 비교

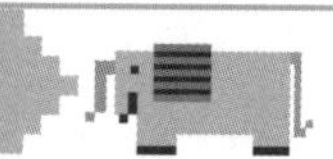

1 철호는 $\frac{11}{8}$ 시간 동안 공부했고, 동석이는 $\frac{9}{8}$ 시간 동안 공부했습니다. 더 오래 공부한 사람은 누구일까요?

문제읽고
❶ 구하는 것에 밑줄 치고, 주어진 것에 ○표 하세요.
❷ 가분수의 크기는 어떻게 비교하나요?
분모가 같은 가분수는 분자가 (작을수록 , (클수록)) 큰 수입니다.

풀이쓰고
❸ 공부한 시간을 비교하세요.
분자의 크기를 비교하면 11 > 9이므로 $\frac{11}{8}$ > $\frac{9}{8}$입니다.
→ 공부한 시간이 더 긴 사람은 ((철호), 동석)입니다.
❹ 답을 쓰세요.
더 오래 공부한 사람은 철호 입니다.

2 미끄럼틀과 시소 사이의 거리는 $3\frac{1}{4}$ m이고, 미끄럼틀과 그네 사이의 거리는 $2\frac{3}{4}$ m입니다. 시소와 그네 중 미끄럼틀과 더 가까이 있는 것은 무엇일까요?

문제읽고
❶ 구하는 것에 밑줄 치고, 주어진 것에 ○표 하세요.
❷ 대분수의 크기는 어떻게 비교하나요?
분모가 같은 대분수는 자연수 부분이 (작을수록 , (클수록)) 큰 수입니다.

풀이쓰고
❸ 거리를 비교하세요.
자연수 부분의 크기를 비교하면 3 > 2이므로 $3\frac{1}{4}$ > $2\frac{3}{4}$입니다.
미끄럼틀과의 거리가 더 짧은 것은 (시소 , (그네))입니다.
❹ 답을 쓰세요.
미끄럼틀과 더 가까이 있는 것은 그네 입니다.

3 소희의 끈의 길이가 $\frac{34}{9}$ m이고, 현서의 끈은 길이가 $3\frac{4}{9}$ m입니다. 누구의 끈의 길이가 더 길까요?

문제읽고
❶ 무엇을 구하는 문제인가요? 구하는 것에 밑줄 치세요.
❷ 주어진 것은 무엇인가요? ○표 하고 답하세요.
소희 끈의 길이 : $\frac{34}{9}$ m, 현서 끈의 길이 : $3\frac{4}{9}$ m

풀이쓰고
❸ 대분수를 가분수로 바꾸어 끈의 길이를 비교하세요.
$3\frac{4}{9}$ = $\frac{31}{9}$이므로 $\frac{34}{9}$ > $\frac{31}{9}$ 입니다.
($3\frac{4}{9}$에서 $3=\frac{27}{9}$로 나타내고 진분수 $\frac{4}{9}$가 남으므로 $3\frac{4}{9}$는 $\frac{1}{9}$이 27+4=31(개)입니다.)
따라서 끈이 더 긴 사람은 ((소희), 현서)입니다.
❹ 답을 쓰세요. 소희 의 끈의 길이가 더 깁니다.

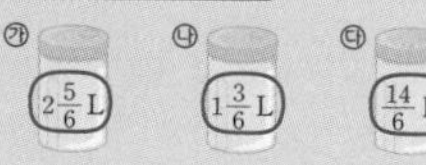

4 세 개의 통에 우유가 다음과 같이 들어 있습니다. 우유가 가장 적게 들어 있는 통은 어느 것일까요?

㉮ $2\frac{5}{6}$ L ㉯ $1\frac{3}{6}$ L ㉰ $\frac{14}{6}$ L

문제읽고
❶ 구하는 것에 밑줄 치고, 주어진 것에 ○표 하세요.
❷ 세 분수의 크기를 비교하려면 어떻게 해야 하나요?
㉮와 ㉯가 대분수이므로 ㉰를 ((대분수), 가분수)로 바꾸어 크기를 비교합니다.

풀이쓰고
❸ 가분수를 대분수로 바꾸어 우유의 양을 비교하세요.
$\frac{14}{6}$ = $2\frac{2}{6}$ 이므로
($\frac{14}{6}$에서 $\frac{12}{6}$=2로 나타내고 $\frac{2}{6}$는 진분수입니다.)
$2\frac{5}{6}$, $1\frac{3}{6}$, $2\frac{2}{6}$ 의 크기를 비교하면 $1\frac{3}{6}$ < $2\frac{2}{6}$ < $2\frac{5}{6}$ 입니다.
따라서 (㉮, (㉯), ㉰)에 들어 있는 우유가 가장 적습니다.
❹ 답을 쓰세요. 우유가 가장 적게 들어 있는 통은 ㉯ 입니다.

문장제 실력쌓기 3

1 보라는 분수 카드 $\frac{16}{13}$을, 상우는 분수 카드 $\frac{18}{13}$을 가지고 있습니다. 보라와 상우 중에서 더 작은 분수를 가지고 있는 사람은 누구일까요?

문제읽기 CHECK
□ 구하는 것에 밑줄, 주어진 것에 ○표!
□ 가지고 있는 분수 카드의 수는?
보라 $\frac{16}{13}$
상우 $\frac{18}{13}$

풀이 분자의 크기를 비교하면 16 < 18이므로 $\frac{16}{13}$ < $\frac{18}{13}$입니다.
따라서 더 작은 분수를 가지고 있는 사람은 보라 입니다.

답 보라

2 무게가 각각 $3\frac{3}{7}$ g, $3\frac{5}{7}$ g인 추가 있습니다. 더 무거운 추의 무게를 쓰세요.

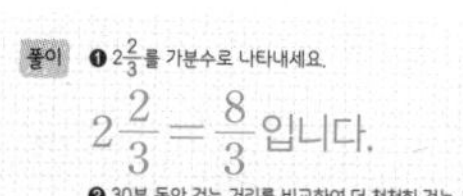

문제읽기 CHECK
□ 구하는 것에 밑줄, 주어진 것에 ○표!
□ 추의 무게는? $3\frac{3}{7}$ g, $3\frac{5}{7}$ g

풀이 $3\frac{3}{7}$과 $3\frac{5}{7}$는 자연수 부분이 같습니다.
분수의 크기를 비교하면 3 < 5이므로 $3\frac{3}{7} < 3\frac{5}{7}$입니다.
따라서 더 무거운 추의 무게는 $3\frac{5}{7}$ g입니다.

답 $3\frac{5}{7}$ g

3 선희는 30분에 $\frac{10}{3}$ km를 걷고, 진혜는 30분에 $2\frac{2}{3}$ km를 걷습니다. 더 천천히 걷는 사람은 누구일까요?

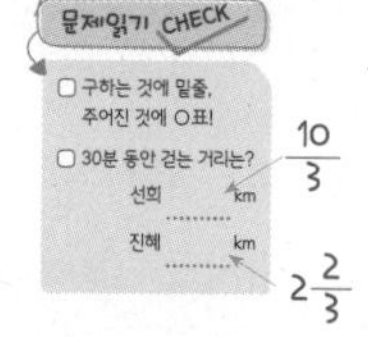

문제읽기 CHECK
□ 구하는 것에 밑줄, 주어진 것에 ○표!
□ 30분 동안 걷는 거리는?
선희 $\frac{10}{3}$ km
진혜 $2\frac{2}{3}$ km

풀이 ❶ $2\frac{2}{3}$를 가분수로 나타내세요.
$2\frac{2}{3}=\frac{8}{3}$입니다.
❷ 30분 동안 걷는 거리를 비교하여 더 천천히 걷는 사람은 누구인지 구하세요.
분자의 크기를 비교하면 10 > 8이므로 $\frac{10}{3}>\frac{8}{3}$입니다.
따라서 더 천천히 걷는 사람은 진혜입니다.

답 진혜

4 석규, 시영, 현준이네 집에서 도서관까지의 거리를 나타낸 표입니다. 도서관에서 가장 먼 곳에 사는 친구는 누구일까요?

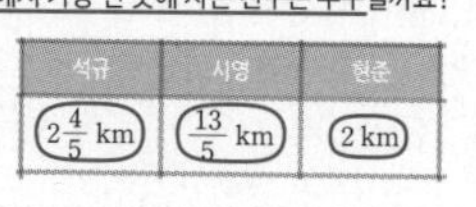

석규	시영	현준
$2\frac{4}{5}$ km	$\frac{13}{5}$ km	2 km

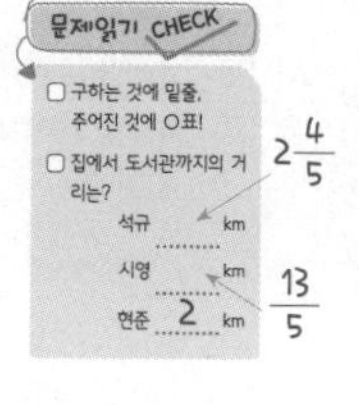

문제읽기 CHECK
□ 구하는 것에 밑줄, 주어진 것에 ○표!
□ 집에서 도서관까지의 거리는?
석규 $2\frac{4}{5}$ km
시영 $\frac{13}{5}$ km
현준 2 km

풀이 ❶ $\frac{13}{5}$을 대분수로 나타내세요.
$\frac{13}{5}=2\frac{3}{5}$입니다.
❷ 집에서 도서관까지의 거리를 비교하여 도서관에서 가장 먼 곳에 사는 친구는 누구인지 구하세요.
$2\frac{4}{5}$, $2\frac{3}{5}$, 2의 크기를 비교하면 $2\frac{4}{5}>2\frac{3}{5}>2$입니다.
따라서 도서관에서 가장 먼 곳에 사는 친구는 석규입니다.

답 석규

21 DAY 분수 만들기

대표 문장제 익히기 4 월 일

1

수 카드 3장 중에서 2장을 골라 만들 수 있는 가분수를 모두 쓰세요. ② ⑤ ⑦

문제읽고
❶ 구하는 것에 밑줄 치고, 주어진 것에 ○표 하세요.
❷ 가분수는 어떤 분수인가요?
가분수는 분자가 분모와 같거나 분모보다 (작은 , (큰)) 분수입니다.

풀이쓰고
❸ 가분수를 만드세요.
분모가 2일 때 만들 수 있는 가분수는 $\frac{5}{2}$, $\frac{7}{2}$입니다.
분모가 5일 때 만들 수 있는 가분수는 $\frac{7}{5}$입니다.
분모가 7일 때 만들 수 있는 가분수는 (있습니다 , (없습니다)).
❹ 답을 쓰세요. 만들 수 있는 가분수는 $\frac{5}{2}$, $\frac{7}{2}$, $\frac{7}{5}$ 입니다.

2

수 카드 3장을 한 번씩만 사용하여 만들 수 있는 대분수를 모두 쓰세요. ④ ⑥ ⑦

문제읽고
❶ 구하는 것에 밑줄 치고, 주어진 것에 ○표 하세요.
❷ 대분수는 어떤 분수인가요?
대분수는 자연수와 ((진분수) , 가분수)로 이루어진 분수입니다.

풀이쓰고
❸ 대분수를 만드세요.
자연수가 4일 때 만들 수 있는 대분수는 $4\frac{6}{7}$입니다.
자연수가 6일 때 만들 수 있는 대분수는 $6\frac{4}{7}$입니다.
자연수가 7일 때 만들 수 있는 대분수는 $7\frac{4}{6}$입니다.
❹ 답을 쓰세요. 만들 수 있는 대분수는 $4\frac{6}{7}$, $6\frac{4}{7}$, $7\frac{4}{6}$ 입니다.

3

수 카드 3장 중에서 2장을 골라 가장 큰 가분수를 만들어 보세요. ③ ⑥ ⑧

문제읽고
❶ 구하는 것에 밑줄 치고, 주어진 것에 ○표 하세요.
❷ 가장 큰 가분수를 만들려면 어떻게 해야 하나요?
분자에 가장 ((큰) , 작은) 수를 놓고, 분모에 가장 (큰 , (작은)) 수를 놓습니다.

풀이쓰고
❸ 가장 큰 가분수를 만드세요.
분자에 가장 큰 수 (3 , 6 , (8))을 놓고,
분모에 가장 작은 수 ((3) , 6 , 8)을 놓습니다.
→ 가분수 $\frac{8}{3}$을 만들 수 있습니다.
❹ 답을 쓰세요. 가장 큰 가분수는 $\frac{8}{3}$ 입니다.

4

수 카드 ①, ②, ⑨를 한 번씩만 사용하여 가장 작은 대분수를 만들어 보세요.

문제읽고
❶ 구하는 것에 밑줄 치고, 주어진 것에 ○표 하세요.
❷ 가장 작은 대분수를 만들려면 어떻게 해야 하나요?
자연수 부분에 가장 (큰 , (작은)) 수를 놓습니다.

풀이쓰고
❸ 가장 작은 대분수를 만드세요.
자연수에 가장 작은 수 ((1) , 2 , 9)를 놓고,
남은 수 카드의 수 (1 , (2) , (9))로 진분수를 만들면 $\frac{2}{9}$입니다.
→ 대분수 $1\frac{2}{9}$를 만들 수 있습니다.
❹ 답을 쓰세요. 가장 작은 대분수는 $1\frac{2}{9}$ 입니다.

문장제 실력쌓기 4

1

수 카드 3장 중에서 2장을 골라 만들 수 있는 진분수를 모두 쓰세요.

③ ④ ⑤

풀이 ❶ 진분수는 분자가 분모보다 ((작은) , 큰) 분수입니다.
❷ 분모가 5일 때 만들 수 있는 진분수는 $\frac{3}{5}$, $\frac{4}{5}$입니다.
분모가 4일 때 만들 수 있는 진분수는 $\frac{3}{4}$입니다.
분모가 3일 때 만들 수 있는 진분수는 (있습니다 , (없습니다)).

답 $\frac{3}{5}$, $\frac{4}{5}$, $\frac{3}{4}$

문제읽기 CHECK
- 구하는 것에 밑줄, 주어진 것에 ○표!
- 수 카드로 만드는 분수는? 진 분수
- 수 카드의 수는? 3, 4, 5

2

수 카드 3장 중에서 2장을 골라 가장 큰 가분수를 만들고, 이 가분수를 대분수로 나타내세요.

④ ⑦ ⑨

풀이 ❶ 가장 큰 가분수를 만드세요.
분자에 가장 큰 수 9를 놓고,
분모에 가장 작은 수 4를 놓으면 $\frac{9}{4}$입니다.
❷ ❶에서 만든 가분수를 대분수로 나타내세요.
$\frac{9}{4}=2\frac{1}{4}$

답 $\frac{9}{4}$, $2\frac{1}{4}$

문제읽기 CHECK
- 구하는 것에 밑줄, 주어진 것에 ○표!
- 수 카드로 만드는 분수는? 가 분수
- 수 카드의 수는? 4, 7, 9

3

수 카드 3장을 한 번씩만 사용하여 가장 큰 대분수를 만들고, 이 대분수를 가분수로 나타내세요.

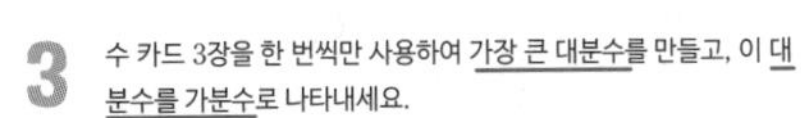

② ⑦ ⑧

풀이 ❶ 가장 큰 대분수를 만드세요.
자연수에 가장 큰 수 8을 놓고,
남은 수 카드의 수 2와 7로 진분수를 만들면 $\frac{2}{7}$입니다.
따라서 가장 큰 대분수는 $8\frac{2}{7}$입니다.
❷ ❶에서 만든 대분수를 가분수로 나타내세요.
$8\frac{2}{7}=\frac{58}{7}$

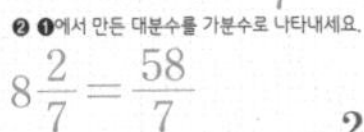

답 $8\frac{2}{7}$, $\frac{58}{7}$

문제읽기 CHECK
- 구하는 것에 밑줄, 주어진 것에 ○표!
- 수 카드로 만드는 분수는? 대 분수
- 수 카드의 수는? 2, 7, 8

4 (도전)

조건을 만족하는 분수 중 가장 작은 수를 구하세요.

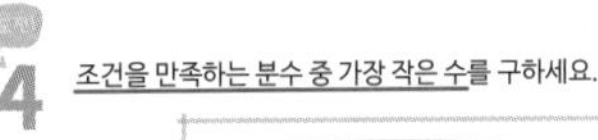

- 2보다 크고 3보다 작은 대분수입니다.
- 분모는 4입니다.

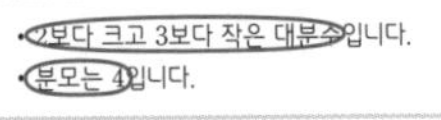

풀이 ❶ 조건을 만족하는 분수를 모두 구하세요.
2보다 크고 3보다 작은 대분수이므로
자연수 부분은 2입니다.
진분수 부분은 분모가 4이므로 $\frac{1}{4}$, $\frac{2}{4}$, $\frac{3}{4}$입니다.
따라서 조건을 만족하는 대분수는 $2\frac{1}{4}$, $2\frac{2}{4}$, $2\frac{3}{4}$입니다.
❷ 조건을 만족하는 분수 중 가장 작은 수를 구하세요.
$2\frac{1}{4}<2\frac{2}{4}<2\frac{3}{4}$이므로 가장 작은 수는 $2\frac{1}{4}$입니다.

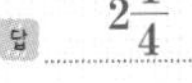

답 $2\frac{1}{4}$

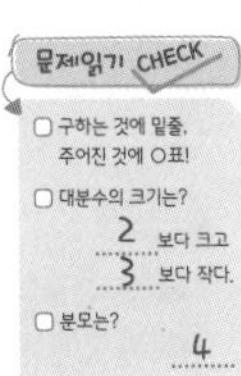

문제읽기 CHECK
- 구하는 것에 밑줄, 주어진 것에 ○표!
- 대분수의 크기는? 2 보다 크고 3 보다 작다.
- 분모는? 4

22 DAY 문장제 서술형 평가

월 일

96쪽

1 풀이 ❶ 15명을 5명씩 묶으면 3팀이 됩니다.

❷ 3팀 중에서 한 팀은 전체의 $\frac{1}{3}$입니다.

답 $\frac{1}{3}$

채점기준

❶ 팀의 수를 구하면	2점
❷ 한 팀에 있는 학생은 전체의 몇 분의 몇인지 구하면	3점
	5점

2 풀이 ❶ 꽃 60송이를 6송이씩 묶으면 10묶음이 됩니다.

❷ 6송이는 10묶음 중에서 1묶음이므로 전체의 $\frac{1}{10}$이고,

24송이는 10묶음 중에서 4묶음이므로 전체의 $\frac{4}{10}$입니다.

답 $\frac{4}{10}$

채점기준

❶ 묶음의 수를 구하면	2점
❷ 선물한 꽃은 전체의 몇 분의 몇인지 구하면	4점
	6점

참고 $\frac{(\text{분자})}{(\text{분모})}=\frac{(\text{부분의 묶음 수})}{(\text{전체 묶음 수})}$

3 풀이 ❶ 30개를 똑같이 5묶음으로 나누면 한 묶음의 과자는 6개입니다.

❷ 30개의 $\frac{1}{5}$이 6개이므로 30개의 $\frac{2}{5}$는 12개입니다.

따라서 동생에게 준 과자는 12개입니다.

답 12개

채점기준

❶ 한 묶음의 과자의 수를 구하면	2점
❷ 동생에게 준 과자의 수를 구하면	4점
	6점

97쪽

4 풀이 ❶ 자연수 부분이 $1<2$이므로 $1\frac{6}{7}<2\frac{1}{7}$입니다.

❷ 따라서 주혁이가 우유를 더 많이 마셨습니다.

답 주혁

채점기준

❶ 두 대분수의 크기를 비교하면	4점
❷ 우유를 더 많이 마신 사람을 구하면	2점
	6점

5 풀이 ❶ $\frac{17}{4}$을 대분수로 나타내면 $\frac{17}{4}=4\frac{1}{4}$입니다.

❷ 분자가 $3>1$이므로 $4\frac{3}{4}>4\frac{1}{4}$입니다.

❸ 따라서 윤주네 집에서 병원이 더 멉니다.

답 병원

채점기준

❶ 윤주네 집에서 대형 마트까지의 거리를 대분수로 나타내면	2점
❷ 두 대분수의 크기를 비교하면	4점
❸ 윤주네 집에서 더 먼 곳을 구하면	1점
	7점

다른 풀이 $4\frac{3}{4}$을 가분수로 나타내면 $4\frac{3}{4}=\frac{19}{4}$입니다.

분자가 $19>17$이므로 $\frac{19}{4}>\frac{17}{4}$입니다.

따라서 윤주네 집에서 병원이 더 멉니다.

참고 대분수의 크기를 비교할 때 자연수 부분의 크기가 같으면 진분수의 크기를 비교합니다.

6 풀이 ❶ 35 mm의 $\frac{1}{7}$이 5 mm이므로

35 mm의 $\frac{3}{7}$은 15 mm입니다.

❷ (남은 눈의 높이)=(전체 눈의 높이)−(녹은 눈의 높이)
=35−15=20 (mm)

답 20 mm

채점기준

❶ 녹은 눈의 높이를 구하면	4점
❷ 남은 눈의 높이를 구하면	3점
	7점

7 풀이 ❶ 가장 큰 수 8을 분자에, 가장 작은 수 3을 분모에 놓으면 가장 큰 가분수는 $\frac{8}{3}$입니다.

❷ $\frac{8}{3}$을 대분수로 나타내면 $2\frac{2}{3}$입니다.

답 $\frac{8}{3}$, $2\frac{2}{3}$

채점기준

❶ 가장 큰 가분수를 만들면	4점
❷ ❶에서 만든 가분수를 대분수로 나타내면	4점
	8점

8 풀이 ❶ 아버지 : 63개의 $\frac{1}{7}$이 9개이므로 63개의 $\frac{3}{7}$인 27개를 먹었습니다.

❷ 어머니 : 63개의 $\frac{1}{9}$이 7개이므로 63개의 $\frac{2}{9}$인 14개를 먹었습니다.

❸ 희선이는 나머지인 $63-27-14=22$(개)를 먹었습니다.

❹ $27>22>14$이므로 아버지가 가장 많이 먹었습니다.

답 아버지

채점기준

❶ 아버지가 먹은 딸기의 수를 구하면	3점
❷ 어머니가 먹은 딸기의 수를 구하면	3점
❸ 희선이가 먹은 딸기의 수를 구하면	1점
❹ 딸기를 가장 많이 먹은 사람을 구하면	1점
	8점

98쪽

내가 먹던 게 뭐지
쉬어가기
음료의 그림자를 찾아 ○표 해 주세요.
깜빡!
친구들과 음료를 마시고 있는데 갑자기 불이 꺼져버렸어요.
어떤 게 내가 먹던 음료일까요? 그림자를 보고 찾아주세요.
아이스크림이 녹기 전에 부탁해요~!

99쪽

5. 들이와 무게

서술형 문제의 풀이, 이렇게 쓰면 만점!
그런데 너희가 쓴 풀이와 조금 다르다고?
또, 제시된 풀이와 다른 방법으로 풀었다고?
괜찮아. 중요한 설명이 모두 맞았다면 OK!

23 DAY 개념 확인하기

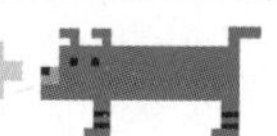

월 일

들이의 비교

1 ㉮ 주전자와 ㉯ 주전자에 물을 가득 채운 후 모양과 크기가 같은 컵에 옮겨 담았습니다. 빈 곳에 알맞은 수나 말을 써넣으세요.

(1) ㉮ 주전자에는 컵 6 개만큼 물이 들어가고,
　㉯ 주전자에는 컵 7 개만큼 물이 들어갑니다.

(2) 들이가 더 많은 것은 ㉯ 주전자입니다.

들이의 단위

2 빈 곳에 알맞은 수를 써넣으세요.

(1) 7 L = 7000 mL　　(2) 1 L 600 mL = 1600 mL

(3) 2000 mL = 2 L　　(4) 4520 mL = 4 L 520 mL

들이의 덧셈과 뺄셈

3 들이의 덧셈과 뺄셈을 하세요.

(1)

	L	mL
	1	500
+	2	300
	3	800

(2)

	L	mL
	3	600
−	1	400
	2	200

(3) 2700 mL + 1400 mL = 4100 mL
　= 4 L 100 mL

(4) 6700 mL − 3900 mL = 2800 mL
　= 2 L 800 mL

무게의 비교

4 가위와 풀의 무게를 100원짜리 동전으로 비교하였습니다. 빈 곳에 알맞은 수를 써넣으세요.

(1) 가위는 100원짜리 동전 9 개의 무게와 같고,
　풀은 100원짜리 동전 5 개의 무게와 같습니다.

(2) 가위가 풀보다 100원짜리 동전 4 개만큼 더 무겁습니다.

무게의 단위

5 빈 곳에 알맞은 수를 써넣으세요.

(1) 5 kg = 5000 g　　(2) 3 kg 400 g = 3400 g

(3) 3 t = 3000 kg　　(4) 8010 g = 8 kg 10 g

무게의 덧셈과 뺄셈

6 무게의 덧셈과 뺄셈을 하세요.

(1)

	kg	g
	4	200
+	1	200
	5	400

(2)

	kg	g
	10	800
−	2	700
	8	100

(3) 3600 g + 1600 g = 5200 g = 5 kg 200 g

(4) 9200 g − 1800 g = 7400 g = 7 kg 400 g

102쪽　　103쪽

24 DAY

들이의 덧셈과 뺄셈

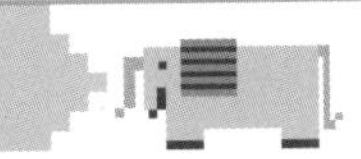

대표 문장제 익히기 1　월　일

대표 문제 **1**

윤선이는 우유를 지난주에 1 L 400 mL 마셨고, 이번 주에는 1 L 900 mL 마셨습니다. 윤선이가 지난주와 이번 주에 마신 우유는 모두 몇 L 몇 mL일까요?

문제읽고
❶ 무엇을 구하는 문제인가요? 구하는 것에 밑줄 치세요.
❷ 주어진 것은 무엇인가요? ○표 하고 답하세요.
지난주 : 1 L 400 mL, 이번 주 : 1 L 900 mL

풀이쓰고
❸ 식을 쓰세요.
(마신 우유의 양) = (지난주에 마신 우유의 양) (+, -) (이번 주에 마신 우유의 양)
= 1 L 400 mL (+, -) 1 L 900 mL
= 3 L 300 mL
❹ 답을 쓰세요. 지난주와 이번 주에 마신 우유는 모두 3 L 300 mL입니다.

한단계 UP **2**

기름 2 L 700 mL가 들어 있는 튀김기에 기름을 1500 mL 더 넣었습니다. 튀김기에 들어 있는 기름은 모두 몇 L 몇 mL일까요?

문제읽고
❶ 무엇을 구하는 문제인가요? 구하는 것에 밑줄 치세요.
❷ 주어진 것은 무엇인가요? ○표 하고 답하세요.
처음 들어 있던 기름 : 2 L 700 mL, 더 넣은 기름 : 1500 mL

풀이쓰고
❸ 더 넣은 기름의 양을 몇 L 몇 mL로 나타내세요.
1000 mL = 1 L이므로 1500 mL = 1 L 500 mL입니다.
❹ 튀김기에 들어 있는 기름은 몇 L 몇 mL인지 구하세요.
(전체 기름의 양) = (처음 기름의 양) (+, -) (더 넣은 기름의 양)
= 2 L 700 mL (+, -) 1 L 500 mL
└ 단위가 다를 때에는 단위를 같게 하여 계산해야 해요. ┘
= 4 L 200 mL
❺ 답을 쓰세요. 튀김기에 들어 있는 기름은 모두 4 L 200 mL입니다.

104쪽

대표 문제 **3**

재하는 매일 화단에 물을 줍니다. 물을 어제는 1 L 450 mL 주고, 오늘은 2 L 200 mL 주었습니다. 오늘은 어제보다 물을 몇 mL 더 많이 주었을까요?

문제읽고
❶ 구하는 것에 밑줄 치고, 주어진 것에 ○표 하세요.
❷ 오늘은 어제보다 물을 얼마나 더 많이 주었는지 구하려면 어떻게 해야 할까요?
(오늘, 어제) 준 물의 양에서 (오늘, 어제) 준 물의 양을 (더합니다, 뺍니다).

풀이쓰고
❸ 식을 쓰세요.
(오늘 준 물의 양) (+, -) (어제 준 물의 양)
= 2 L 200 mL (+, -) 1 L 450 mL
= 750 mL
❹ 답을 쓰세요. 오늘은 어제보다 물을 750 mL 더 많이 주었습니다.

한단계 UP **4**

물통에 물이 3520 mL 들어 있었습니다. 그중에서 1 L 325 mL를 마셨다면 남은 물은 몇 L 몇 mL일까요?

문제읽고
❶ 무엇을 구하는 문제인가요? 구하는 것에 밑줄 치세요.
❷ 주어진 것은 무엇인가요? ○표 하고 답하세요.
처음 들어 있던 물 : 3520 mL, 마신 물 : 1 L 325 mL

풀이쓰고
❸ 물통에 들어 있던 물의 양을 몇 L 몇 mL로 나타내세요.
3520 mL = 3 L 520 mL
❹ 남은 물은 몇 L 몇 mL인지 구하세요.
(남은 물의 양) = (처음 들어 있던 물의 양) (+, -) (마신 물의 양)
= 3 L 520 mL (+, -) 1 L 325 mL
= 2 L 195 mL
❺ 답을 쓰세요. 남은 물은 2 L 195 mL입니다.

105쪽

문장제 실력쌓기 1

1 물이 4 L 500 mL 들어 있는 수조에 1 L 200 mL의 물을 더 넣었습니다. 수조에 들어 있는 물은 몇 L 몇 mL일까요?

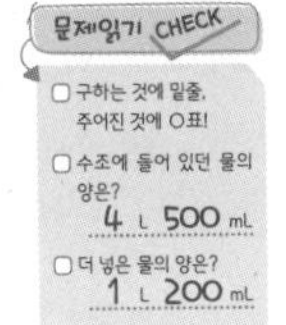

풀이 (수조에 들어 있는 물의 양)
= (처음 들어 있던 물의 양) + (더 넣은 물의 양)
= 4 L 500 mL + 1 L 200 mL
= 5 L 700 mL

답 5 L 700 mL

2 물이 6 L 들어 있는 어항에서 3 L 600 mL의 물을 퍼냈습니다. 어항에 남은 물은 몇 L 몇 mL일까요?

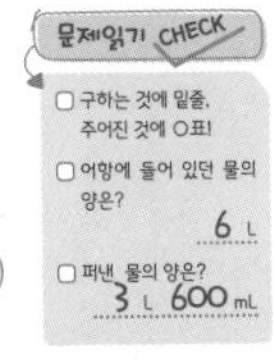

풀이
(어항에 남은 물의 양)
=(처음 들어 있던 물의 양)−(퍼낸 물의 양)
=6 L−3 L 600 mL
=2 L 400 mL

답 2 L 400 mL

106쪽

3 약수터에서 약수를 연아는 2500 mL만큼 받고, 태호는 2 L 50 mL만큼 받았습니다. 연아와 태호 중 누가 약수를 몇 mL 더 많이 받았을까요?

문제읽기 CHECK
구하는 것에 밑줄, 주어진 것에 ○표!
두 사람이 받은 약수의 양은? 연아 2500 mL, 태호 2 L 50 mL

풀이 ❶ 연아와 태호 중 누가 약수를 더 많이 받았는지 구하세요.
2 L 50 mL=2050 mL입니다.
2500 mL > 2050 mL이므로
연아가 더 많이 받았습니다.
❷ 약수를 몇 mL 더 많이 받았는지 구하세요.
(연아가 받은 약수의 양)−(태호가 받은 약수의 양)
=2500 mL−2050 mL
=450 mL

답 연아, 450 mL

4 빨간색 페인트 3 L 700 mL와 노란색 페인트 4 L 800 mL를 섞어 주황색 페인트를 만들었습니다. 이 주황색 페인트로 벽을 칠했더니 페인트가 5 L 900 mL 남았습니다. 벽을 칠하는 데 사용한 페인트는 몇 L 몇 mL일까요?

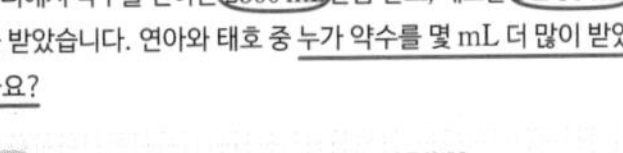

문제읽기 CHECK
구하는 것에 밑줄, 주어진 것에 ○표!
페인트의 양은? 빨간색 3 L 700 mL, 노란색 4 L 800 mL
남은 페인트의 양은? 5 L 900 mL

풀이 ❶ 주황색 페인트는 몇 L 몇 mL인지 구하세요.
(주황색 페인트의 양)
=(빨간색 페인트의 양)+(노란색 페인트의 양)
=3 L 700 mL+4 L 800 mL=8 L 500 mL
❷ 사용한 페인트는 몇 L 몇 mL인지 구하세요.
(사용한 페인트의 양)
=(주황색 페인트의 양)−(남은 페인트의 양)
=8 L 500 mL−5 L 900 mL
=2 L 600 mL

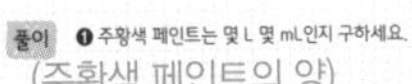

답 2 L 600 mL

107쪽

25 DAY

무게의 덧셈과 뺄셈

대표 문장제 익히기 2 월 일

대표 문제 1

회수의 몸무게는 29 kg 600 g이고, 아버지의 몸무게는 회수의 몸무게보다 41 kg 600 g 더 무겁습니다. 아버지의 몸무게는 몇 kg 몇 g일까요?

문제읽고
① 무엇을 구하는 문제인가요? 구하는 것에 밑줄 치세요.
② 주어진 것은 무엇인가요? ○표 하고 답하세요.
아버지 : 회수 몸무게 29 kg 600 g보다 41 kg 600 g 더 무겁습니다.

풀이쓰고
③ 식을 쓰세요.
(아버지 몸무게) = (회수 몸무게) (+, −) (더 무거운 몸무게)
= 29 kg 600 g (+, −) 41 kg 600 g
= 71 kg 200 g
④ 답을 쓰세요.
아버지의 몸무게는 71 kg 200 g입니다.

한 단계 UP 2

밭에서 감자 1 kg 600 g과 고구마 2300 g을 캤습니다. 밭에서 캔 감자와 고구마는 모두 몇 kg 몇 g일까요?

문제읽고
① 무엇을 구하는 문제인가요? 구하는 것에 밑줄 치세요.
② 주어진 것은 무엇인가요? ○표 하고 답하세요.
감자 : 1 kg 600 g, 고구마 : 2300 g

풀이쓰고
③ 고구마의 무게를 몇 kg 몇 g으로 나타내세요.
1000 g = 1 kg이므로 2300 g = 2 kg 300 g
④ 감자와 고구마는 모두 몇 kg 몇 g인지 구하세요.
(감자와 고구마의 무게) = (감자의 무게) (+, −) (고구마의 무게)
= 1 kg 600 g (+, −) 2 kg 300 g
= 3 kg 900 g
⑤ 답을 쓰세요.
감자와 고구마는 모두 3 kg 900 g입니다.

108쪽

대표 문제 3

사과가 들어 있는 상자의 무게는 4 kg 300 g입니다. 상자 안에 들어 있는 사과의 무게가 3 kg 800 g이라면 빈 상자의 무게는 몇 g일까요?

문제읽고
① 구하는 것에 밑줄 치고, 주어진 것에 ○표 하세요.
② 빈 상자의 무게를 구하려면 어떻게 해야 할까요?
사과 상자에서 − 사과를 덜어 내면 → 빈 상자만 남습니다.
→ (사과 상자, 사과)의 무게에서 (사과 상자, 사과)의 무게를 (더합니다, 뺍니다).

풀이쓰고
③ 식을 쓰세요.
(빈 상자의 무게) = (사과 상자의 무게) (+, −) (사과의 무게)
= 4 kg 300 g (+, −) 3 kg 800 g
= 500 g
④ 답을 쓰세요. 빈 상자의 무게는 500 g입니다.

한 단계 UP 4

고양이의 무게는 3 kg 900 g이고, 강아지의 무게는 5600 g입니다. 고양이와 강아지 중 어느 동물이 몇 g 더 무거울까요?

문제읽고
① 무엇을 구하는 문제인가요? 구하는 것에 밑줄 치세요.
② 주어진 것은 무엇인가요? ○표 하고 답하세요.
고양이 : 3 kg 900 g = 3900 g, 강아지 : 5600 g

풀이쓰고
③ 고양이와 강아지의 무게를 비교하세요.
3900 g < 5600 g이므로 (고양이, 강아지)가 더 무겁습니다.
④ 몇 kg 몇 g 더 무거운지 구하세요.
(무게의 차) = 5600 g − 3900 g
= 1700 g
⑤ 답을 쓰세요. 강아지가 1700 g 더 무겁습니다.

109쪽

문장제 실력쌓기 2

1 지은이는 돼지고기 1 kg 800 g과 소고기 2 kg 600 g을 샀습니다. 지은이가 산 고기는 모두 몇 kg 몇 g일까요?

풀이 (지은이가 산 고기의 무게)
= (돼지고기의 무게) + (소고기의 무게)
= 1 kg 800 g + 2 kg 600 g
= 4 kg 400 g

답 4 kg 400 g

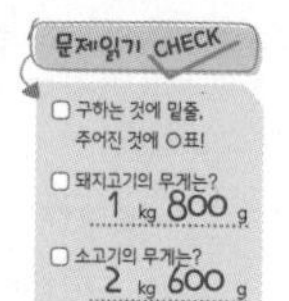
문제읽기 CHECK
구하는 것에 밑줄, 주어진 것에 ○표!
돼지고기의 무게는? 1 kg 800 g
소고기의 무게는? 2 kg 600 g

2 성준이가 책가방을 메고 저울에 올라가면 무게가 37 kg 400 g이고, 성준이만 저울에 올라가면 무게가 36 kg 500 g입니다. 책가방의 무게는 몇 g일까요?

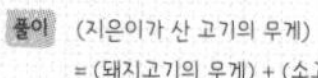

풀이
(책가방의 무게)
=(책가방을 멘 성준이 무게)−(성준이 몸무게)
=37 kg 400 g−36 kg 500 g
=900 g

문제읽기 CHECK
구하는 것에 밑줄, 주어진 것에 ○표!
(책가방+성준이)의 무게는? 37 kg 400 g
성준이의 몸무게는? 36 kg 500 g

답 900 g

110쪽

3 수미의 방에 있는 책상의 무게는 7550 g이고, 의자의 무게는 책상의 무게보다 2 kg 650 g 더 가볍습니다. 의자의 무게는 몇 g일까요?

풀이 2 kg 650 g=2650 g입니다.
(의자의 무게)
=(책상의 무게)−(더 가벼운 무게)
=7550 g−2650 g
=4900 g

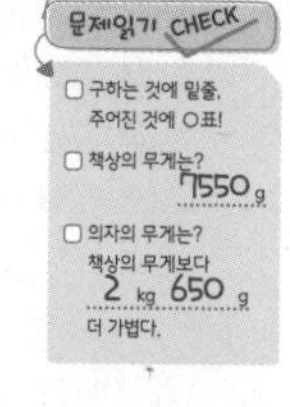
문제읽기 CHECK
구하는 것에 밑줄, 주어진 것에 ○표!
책상의 무게는? 7550 g
의자의 무게는? 책상의 무게보다 2 kg 650 g 더 가볍다.

답 4900 g

4 똑같은 주스 2병과 생수 1병을 저울에 올려놓았더니 3 kg이었습니다. 주스 1병의 무게가 600 g이라면 생수 1병의 무게는 몇 kg 몇 g일까요?

풀이 ① 주스 2병의 무게는 몇 g인지 구하세요.
(주스 2병의 무게)=600 g+600 g
=1200 g

문제읽기 CHECK
구하는 것에 밑줄, 주어진 것에 ○표!
주스 2병과 생수 1병의 무게는? 3 kg
주스 1병의 무게는? 600 g

② 생수 1병의 무게는 몇 kg 몇 g인지 구하세요.

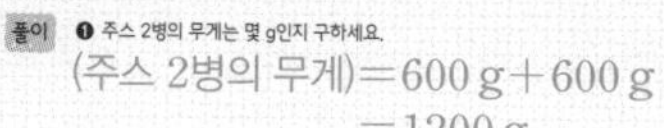

(생수 1병의 무게)
=(주스 2병과 생수 1병의 무게)−(주스 2병의 무게)
=3 kg−1200 g
=3000 g−1200 g
=1800 g
=1 kg 800 g

답 1 kg 800 g

111쪽

정답

26 DAY 문장제 서술형 평가

월 일

1 풀이 ❶ (세숫대야에 들어 있는 물의 양)
=(찬물의 양)+(뜨거운 물의 양)
=2 L 400 mL+700 mL
❷ =3 L 100 mL

답 **3 L 100 mL**

채점기준

❶ 식을 세우면	3점
❷ 세숫대야에 들어 있는 물의 양을 구하면	2점
	5점

2 풀이 ❶ (강아지를 안고 저울에 올라갔을 때의 무게)
=(영현이의 몸무게)+(강아지의 무게)
=25 kg 350 g+4 kg 250 g
❷ =29 kg 600 g

답 **29 kg 600 g**

채점기준

❶ 식을 세우면	3점
❷ 강아지를 안고 저울에 올라갔을 때의 무게를 구하면	2점
	5점

3 풀이 ❶ (빠져나간 물의 양)
=(항아리에 들어 있던 물의 양)−(남은 물의 양)
=3 L 900 mL−2 L 475 mL
❷ =1 L 425 mL

답 **1 L 425 mL**

채점기준

❶ 식을 세우면	3점
❷ 빠져나간 물의 양을 구하면	2점
	5점

4 풀이 ❶ 처음에 있던 식용유의 양은
3500 mL=3 L 500 mL입니다.
❷ (남은 식용유의 양)
=(처음 식용유의 양)−(사용한 식용유의 양)
=3 L 500 mL−1 L 860 mL
=1 L 640 mL

답 **1 L 640 mL**

채점기준

❶ 처음에 있던 식용유의 양을 몇 L 몇 mL로 나타내면	2점
❷ 남은 식용유의 양을 구하면	4점
	6점

참고 남은 식용유의 양이 얼마인지 몇 L 몇 mL로 나타내야 하므로 처음에 있던 식용유의 양을 L와 mL 단위로 나타냅니다.

5 풀이 ❶ (다은이가 산 음료의 양)=800 mL+1 L 200 mL=2 L
(정민이가 산 음료의 양)=650 mL+1 L 600 mL
=2 L 250 mL
❷ 2 L<2 L 250 mL이므로 정민이가 산 음료가
❸ 2 L 250 mL−2 L=250 mL 더 많습니다.

답 **정민, 250 mL**

채점기준

❶ 다은이와 정민이가 산 음료의 양을 각각 구하면	각 2점
❷ 누가 산 음료의 양이 더 많은지 구하면	1점
❸ 산 음료의 양이 몇 mL 더 많은지 구하면	2점
	7점

주의 들이의 차는 많은 양에서 적은 양을 뺍니다.

6 풀이 ❶

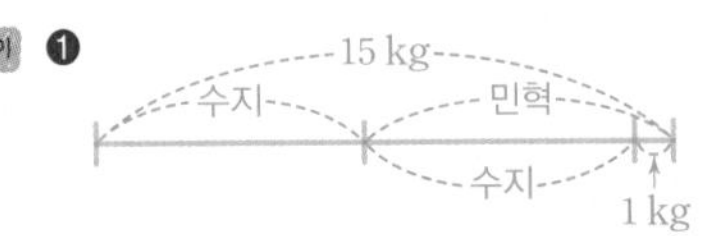

(민혁)=(수지)+1 kg이므로
(수지)+(수지)+1 kg=15 kg → (수지)=7 kg
❷ 따라서 민혁이가 주운 밤은 7+1=8 (kg)입니다.

답 **8 kg**

채점기준

❶ 수지가 주운 밤의 무게를 구하면	4점
❷ 민혁이가 주운 밤의 무게를 구하면	3점
	7점

다른 풀이 수지가 주운 밤이 7 kg이라고 예상하면
(민혁)=7+1=8 (kg),
(수지)+(민혁)=7+8=15 (kg)이므로 맞습니다.
따라서 민혁이가 주운 밤은 8 kg입니다.

112쪽 113쪽

26 DAY

7 풀이 ❶ (트럭에 실은 쌀의 무게)=(쌀 한 봉지의 무게)×(쌀 봉지 수)
=20×80=1600 (kg)
❷ 2 t=2000 kg이므로
❸ (더 실을 수 있는 무게)
=(트럭에 실을 수 있는 무게)−(쌀의 무게)
=2000 kg−1600 kg
=400 kg

답 **400 kg**

채점기준

❶ 트럭에 실은 쌀의 무게를 구하면	3점
❷ 2 t을 몇 kg으로 나타내면	2점
❸ 트럭에 더 실을 수 있는 무게를 구하면	2점
	7점

8 풀이 ❶ (책 1권의 무게)
=(책 2권을 넣은 상자의 무게)−(책 1권을 넣은 상자의 무게)
=2 g 300 g−1 kg 400 g
=900 g
❷ (빈 상자의 무게)
=(책 1권을 넣은 상자의 무게)−(책 1권의 무게)
=1 kg 400 g−900 g
=500 g

답 **500 g**

채점기준

❶ 책 1권의 무게를 구하면	4점
❷ 빈 상자의 무게를 구하면	4점
	8점

114쪽

비슷하지만 달라요
쉬어가기
다람쥐의 우산을 찾아 ○표 해 주세요.
비 오는 날, 다람쥐가 우산을 쓰고 나왔어요.
그런데 잠깐 도토리를 주우러 간 사이, 친구들 우산이랑 섞였어요.
우산을 들고 있는 다람쥐의 사진을 보고 다람쥐의 우산을 찾아 주세요.
?

115쪽

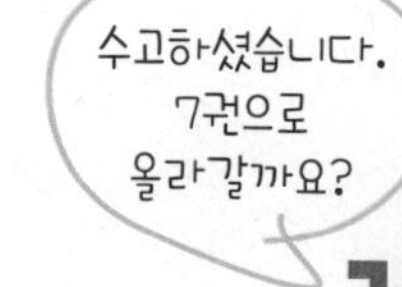

수고하셨습니다.
7권으로
올라갈까요?